iLike就业Illustrator CS4中文版多功能教材

叶 华 编著

電子工業出版社.

Publishing House of Electronics Industry

北京·BEIJING

内 容 简 介

　　本书使用通俗易懂的语言，以实例为载体，将理论穿插在实际操作中，以实例表现理论，详细地介绍了如何利用Illustrator CS4的各种功能来创建图形或编辑图像，以及制作出与众不同的精美效果。通过本书的学习，可以帮助读者比较完善地掌握软件的理论知识和相关细节。编者从读者的角度出发，以实例的方式将Illustrator CS4展现在读者的面前。希望读者在实际操作中掌握软件的各种操作方法和技巧，以便在日后的实践中灵活应用，帮助自己实现创作。

　　本书可作为电脑平面设计人员、电脑美术爱好者以及与图形图像设计相关的工作人员的学习、工作参考用书。

图书在版编目（CIP）数据

iLike就业Illustrator CS4中文版多功能教材/叶华编著.—北京：电子工业出版社，2010.1

ISBN 978-7-121-10072-7

Ⅰ. i⋯　Ⅱ. 叶⋯　Ⅲ. 图形软件，Illustrator CS4—教材　Ⅳ. TP391.41

中国版本图书馆CIP数据核字（2009）第228875号

责任编辑：李红玉

印　　刷：北京天竺颖华印刷厂

装　　订：三河市鑫金马印装有限公司

出版发行：电子工业出版社

　　　　　北京市海淀区万寿路173信箱　邮编：100036

　　　　　北京市海淀区翠微东里甲2号　邮编：100036

开　　本：787×1092 1/16　印张：17　字数：430千字

印　　次：2010年1月第1次印刷

定　　价：30.00元

凡所购买电子工业出版社图书有缺损问题，请向购买书店调换。若书店售缺，请与本社发行部联系，联系及邮购电话：（010）88254888。

质量投诉请发邮件至zlts@phei.com.cn，盗版侵权举报请发邮件至dbqq@phei.com.cn。

服务热线：（010）88258888。

前　言

Illustrator是由Adobe公司研发的集矢量绘图与排版功能于一身的平面设计类软件，是此类软件中比较优秀的软件之一。与以前版本相比，Illustrator　CS4在使用界面与操作性能等方面都进行了改进与增强。特别是操作性能，在很大程度上为用户提供了便利条件。该软件跨越了诸多领域，例如广告、海报、VI设计、画册、网页图形制作等，并且在这些行业中扮演着非常重要的角色。使用Illustrator　CS4可以制作出非常精美的作品，是设计人员的好帮手。但是，要想达到较高的设计水准，就必须对软件有一个全面的了解，认真学习其中各个方面的知识。

本书主要讲述Illustrator　CS4各方面的功能，以实例为载体，向读者展示了软件各项功能的使用方法和技巧，也展示了如何使用该软件来创建和制作各种不同的效果。

根据编者对此软件的理解与分析，最终将本书划分为11课，科学地将软件中的知识从整体上划分开来。

在第1课中，编者以理论和实际相结合的方法向读者介绍了Illustrator CS4的基础知识。编者将基础知识具体归结为若干知识点，分门别类地进行讲述，对于一些具有实际操作性的问题，以实例的表现方式展示，整个写作架构充分考虑到了读者的学习需要。本课的知识点主要包括图形图像基本知识、软件工作界面、自定义快捷键、文件的基本操作等。

从第2课至第10课，详细介绍了Illustrator CS4中的各项功能，这些知识点均以实际操作的方式展现，让读者在实例的操作中形象地进行学习。这样一来，读者会更容易接受知识，不再像单纯的文字理论类书籍一样死板，相对比较灵活。在实例的编排中，还插有注意、提示和技巧等，都是一些平时容易出错的地方或者是一些操作中的技巧，读者可以仔细品味，会发现十分有用。这些课的内容主要包括绘制编辑图形、绘制编辑路径、对象的操作、颜色填充与描边编辑、高级填充技巧、文本的处理、图表的编辑、高级应用技巧、滤镜和效果的使用等。

在第11课中，介绍了打印和PDF文件输出的相关知识，为设计完成后的输出工作提供知识参考。无论是专业的设计人员，还是设计爱好者，一般在创作后都需要打印或输出为其他的格式以作他用，所以在本书中安排第11课的内容也是做了充分考虑的。本课以讲解理论的方式向大家讲述了关于打印的知识，主要包括安装PostScript打印机、打印设置、输出设备、印刷术语等内容，以实际操作的方式向大家展示了如何将在Illustrator CS4中制作的文件输出为PDF格式文件。

本书在每课的具体内容上也进行了十分科学的安排，首先介绍知识结构，其次列出对应课业的就业达标要求，然后紧跟具体内容，为读者的学习提供了非常明朗的信息与步骤安排。

本书在编写的过程中，得到出版社的领导、编辑老师的大力帮助，在此对他们表示衷心的感谢。

由于编写时间仓促，书中难免有疏漏和错误，敬请广大读者批评指正。

为方便读者阅读，若需要本书配套资料，请登录"北京美迪亚电子信息有限公司"（http://www.medias.com.cn），在"资料下载"页面进行下载。

目　　录

本课知识结构

在本课中学习Illustrator CS4的基础知识，充分了解各方面基础知识，是学习软件中其他知识的前提，也是实施设计过程的必要条件。

就业达标要求

★ 掌握图形图像基本知识　　　　　　★ 图像的显示
★ 认知Illustrator CS4工作界面　　　　★ 文件的基本操作
★ 自定义快捷键　　　　　　　　　　★ 掌握Adobe Bridge的应用
★ 个性化界面

1.1　图形图像基本知识

在学习Illustrator CS4的最初阶段，首先需要掌握一些关于图形和图像的概念，这样十分有助于软件的进一步学习，也是在软件学习和作品创建的路途中迈出的第一步。

1. 矢量图形与位图图像

在使用计算机绘图的过程中，一般会应用到矢量图形和位图图像两种图像。Illustrator在不断升级的过程中，功能越来越强大，兼容性也同样在提高。在Illustrator CS4中，依然既可以制作出精美的矢量图形，又可以导入位图图像进行编辑。

•矢量图形：矢量图形以线条和颜色块为主构成图形，又称向量图。矢量图形与分辨率无关，而且可以任意改变大小以进行输出，图片的观看质量也不会受到影响，这些主要是因为其线条的形状、位置、曲率等属性都是通过数学公式进行描述和记录的。矢量图形文件所占的磁盘空间比较少，非常适用于网络传输，也经常被应用在标志设计、插图设计以及工程绘图等专业设计领域。随着社会发展，软件的应用功能都在不断地提高，许多软件都可以制作和编辑矢量图形，例如CorelDRAW和本书中将要向大家详细介绍的Illustrator等，如图1-1所示。

•位图图像：位图图像由许许多多的被称为像素的点所组成，所以又通常叫做点阵图。这些不同颜色的点按照一定的次序排列，就组成了色彩斑斓的图像。当将图像放大到一定程度时，在屏幕上就可以看到一个个的小色块，这些色块就是像素。由于位图图像是通过记录每个点的位置和颜色信息来保存图像内容的，所以像素越多，颜色信息越丰富，图像的文件容量也就越大，如图1-2所示。

图1-1 矢量图形

图1-2 位图图像

 像素（Pixel）是组成位图图像的最小单位。一个图像文件的像素越多，更多的细节就越能被充分表现出来，从而图像质量也就随之提高。但同时保存时所需的磁盘空间也会越多，编辑和处理的速度也会变慢，如图1-3所示。

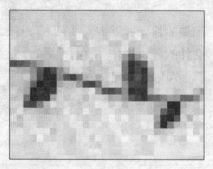

图1-3 像素

位图图像与分辨率的设置有关。当位图图像以过低的分辨率打印或是以较大的倍数放大显示时，图像的边缘就会出现锯齿。所以，在制作和编辑位图图像之前，应该首先根据输出的要求调整图像的分辨率。

2. 分辨率

分辨率常以"宽×高"的形式来表示，它对于数字图像的显示及打印等方面，都起着至关重要的作用。也许这个词汇相对比较抽象，接下来将以分类的方法向大家介绍如何巧妙、正确地运用分辨率，以最快的速度掌握该知识点。一般情况下，分为图像分辨率、屏幕分辨率以及打印分辨率。

• 图像分辨率：图像分辨率通常以像素/英寸来表示，是指图像中每单位长度含有的像素数目。以具体实例来说明，分辨率为300像素/英寸的1×1英寸的图像总共包含90 000个像素，而分辨率为72像素/英寸的图像只包含5184个像素（72像素宽×72像素高=5184）。但分辨率并不是越大越好，分辨率越大，图像文件越大，在进行处理时所需的内存和CPU处理时间也就越多。不过，分辨率高的图像比相同打印尺寸的低分辨率图像包含更多的像素，因而图像会更加清楚细腻。

• 屏幕分辨率：屏幕分辨率就是指显示器分辨率，即显示器上每单位长度显示的像素或点的数量，通常以点/英寸（dpi）来表示。显示器分辨率取决于显示器的大小及其像素设置。显示器在显示时，图像像素直接转换为显示器像素，这样当图像分辨率高于显示器分辨率时，在屏幕上显示的图像比其指定的打印尺寸大。一般显示器的分辨率为72dpi或96dpi。

• 打印分辨率：激光打印机（包括照排机）等输出设备产生的每英寸油墨点数（dpi）就是打印分辨率。大部分桌面激光打印机的分辨率为300dpi到600dpi，而高档照排机能够以1200dpi或更高的分辨率进行打印。

图像的最终用途决定了图像分辨率的设定，用于印刷的图像，分辨率应不低于300dpi；

如果要对图像进行打印输出，则需要符合打印机或其他输出设备的要求；应用于网络的图像，分辨率只需满足典型的显示器分辨率即可。

3. 颜色模式

颜色模式用来提供一种将颜色翻译成数字数据的方法，从而使颜色能在多种媒体中得到一致的描述。当人们在描述一种颜色时，通常会以感觉的方式去认知，并不能精准地判断出是哪一种，而是一个相对较为模糊的范围。但通过颜色模式，就可以做到，比如在一种颜色模式中为某种颜色赋予一个专有的颜色值，就可以在不同情况下得到同一种颜色。

虽然颜色模式可以准确地表达一种颜色，但是每一种颜色模式都不能将全部颜色表现出来，它只是根据自身颜色模式的特点来表现某一个色域范围内的颜色。所以，不同的颜色模式能表现的颜色范围与颜色种类也是不同的，如果需要表现色彩丰富的图像，应该选用色域范围大的颜色模式，反之应选择色域范围小的颜色模式。

Illustrator CS4提供了灰度、RGB、CMYK、HSB、Web安全RGB，共5种颜色模式，其中最常用的是RGB模式和CMYK模式，而CMYK是默认的颜色模式。运用不同颜色模式调配出的颜色是不同的。

正确地选择颜色模式至关重要，因为颜色模式对可显示颜色的数量、图像的通道数和图像的文件大小都有所影响。

· 灰度模式：灰度模式的图像由256级的灰度组成。图像的每一个像素能够用0～255的亮度值来表现，所以其色调表现力较强，图像也较为细腻。使用黑白胶卷拍摄所得到的黑白照片即为灰度图像，如图1-4所示。

 提示 将颜色模式转换为双色调模式或位图模式时，必须先转换为灰度模式，然后再由灰度模式转换为双色调模式或位图模式。

· RGB模式：众所周知，红、绿、蓝常称为光的三原色，绝大多数可视光谱可用红色、绿色和蓝色（RGB）三色光的不同比例和强度混合来产生。RGB模式为图像中每个像素的RGB分量指定了一个介于0～255之间的强度值。当所有这3个分量的值相等时，结果是中性灰色。当3个分量的值都为0时，结果是纯黑色；当所有分量的值均为255时，结果是纯白色。由于RGB颜色合成可以产生白色，因此也称为加色模式。

RGB图像通过三种颜色或通道，可以在屏幕上重新生成多达1670万（256×256×256）种颜色；这三个通道可转换为每像素24（8×3）位的颜色信息。新建的Photoshop图像默认为RGB模式，如图1-5所示。

图1-4　灰度模式图像　　　　　　　　　　图1-5　RGB模式图像

原色是指某种颜色体系的基本颜色，由它们可以合成出成千上万种颜色，而它们却不能由其他颜色合成。

· CMYK模式：CMYK颜色模式是一种印刷使用的模式，由分色印刷时使用的青色（C）、洋红（M）、黄色（Y）和黑色（K）4种颜色组成。CMYK模式以打印在纸上的油墨光线吸收特性为基础，当白光照射到半透明油墨上时，色谱中的一部分被吸收，而另一部分被反射回眼睛。由于该模式中的4种颜色可以通过合成得到可以吸收所有颜色的黑色，所以CMYK模式也被称为减色模式。在准备用印刷色打印图像时，应使用CMYK模式，如图1-6所示，该颜色模式没有RGB颜色模式的色域广。

· HSB模式：HSB颜色模式更接近人的视觉原理，因为人脑在辨别颜色时，都是按照色相、饱和度和亮度进行判断的，因此在调色过程中更容易找到需要的颜色。H代表色相，每种颜色的固有颜色相貌叫做色相。S代表饱和度，饱和度是指颜色的强度或纯度，表示色相中颜色本身色素分量所占的比例，颜色的饱和度越高，其鲜艳的程度也就越高。B代表亮度，亮度是指颜色明暗的程度。HSB颜色调板，如图1-7所示。

· Web安全RGB模式：Web安全RGB模式是一种新增加的色彩模式，专门用于网页图像的制作。该模式是RGB模式的一种简化版本，它的R、G、B原色百分比被限制在一定的刻度上。Web安全RGB颜色模式调板，如图1-8所示。

图1-6　CMYK模式图像　　　　图1-7　HSB颜色调板　　　　图1-8　Web安全RGB颜色调板

4. 文件格式

在平面设计工作中熟悉一些常用图像格式的特点及其适用范围是非常重要的，下面介绍Illustrator CS4中常用的文件格式。

· AI（*.AI）：AI格式是Illustrator软件创建的矢量图格式，在Photoshop中可以直接打开AI格式的文件，打开后可以对其进行编辑。

· EPS（*.EPS）：EPS是"Encapsulated PostScript"首字母的缩写。EPS格式可同时包含像素信息和矢量信息，是一种通用的行业标准格式。除了多通道模式的图像之外，其他模式的图像都可存储为EPS格式，但是它不支持Alpha通道。EPS格式可以支持剪贴路径，可以产生镂空或蒙版效果。

· TIFF（*.TIFF）：TIFF格式是印刷行业标准的图像格式，几乎所有的图像处理软件和排版软件都提供了很好的支持，通用性很强，被广泛用于程序之间和计算机平台之间进行图像数据交换。TIFF格式支持RGB、CMYK、Lab、索引颜色、位图和灰度颜色模式，并且在RGB、CMYK和灰度三种颜色模式中还支持使用通道、图层和路径。

• PSD（*.PSD）：PSD格式是Photoshop新建和保存图像文件默认的格式。PSD格式是唯一可支持所有图像模式的格式，并且可以存储在Photoshop中建立的所有的图层、通道、参考线、注释和颜色模式等信息。因此，对于没有编辑完成，下次需要继续编辑的文件最好保存为PSD格式。不过，PSD格式也有其缺点，例如保存时所占用的磁盘空间比较大，因为相比其他格式的图像文件而言，PSD格式保存的信息较多。此外，由于PSD是Photoshop的专用格式，许多软件（特别是排版软件）都不能直接支持，因此在图像编辑完成之后，应将图像转换为兼容性好并且占用磁盘空间小的图像格式，如TIFF、JPG格式。

• GIF（*.GIF）：GIF格式也是通用的图像格式之一，由于最多只能保存256种颜色，且使用LZW压缩方式压缩文件，因此GIF格式保存的文件非常轻便，不会占用太多的磁盘空间，非常适合Internet上的图片传输。在保存图像为GIF格式之前，需要将图像转换为位图、灰度或索引颜色等颜色模式。GIF采用两种保存格式，一种为"正常"格式，可以支持透明背景和动画格式；另一种为"交错"格式，可让图像在网络上由模糊逐渐转为清晰的方式显示。

• JPEG（*.JPEG）：JPEG文件比较小，是一种高压缩比、有损压缩真彩色图像文件格式，所以在注重文件大小的领域应用很广，比如上传到网络上的大部分高颜色深度图像。但是，JPEG格式在压缩保存的过程中会丢失一些不易查觉的数据，虽然失真并不严重，但仍会与原图有所差别，并且没有原图的质量好，所以不适用于印刷、出版等业务范围。

• BMP（*.BMP）：BMP是Windows平台标准的位图格式，很多软件都支持该格式，使用非常广泛。BMP格式支持RGB、索引颜色、灰度和位图颜色模式，不支持CMYK颜色模式，也不支持Alpha通道。

• PDF（*.PDF）：Adobe PDF是Adobe公司开发的一种跨平台的通用文件格式，能够保存任何源文档的字体、格式、颜色和图形，而不管创建该文档所使用的应用程序和平台，Adobe Illustrator、Adobe PageMaker和Adobe Photoshop程序都可直接将文件存储为PDF格式。Adobe PDF文件为压缩文件，任何人都可以通过免费的Acrobat Reader程序进行共享、查看、导航和打印。PDF格式除支持RGB、Lab、CMYK、索引颜色、灰度和位图颜色模式外，还支持通道、图层等数据信息。

• PNG（*.PNG）：PNG是Portable Network Graphics（轻便网络图形）的缩写，是Netscape公司专为互联网开发的网络图像格式，由于并不是所有的浏览器都支持PNG格式，所以该格式使用范围没有GIF和JPEG广泛。但不同于GIF格式图像的是，它可以保存24位的真彩色图像，并且支持透明背景和消除锯齿边缘的功能，可以在不失真的情况下压缩保存图像。PNG格式在RGB和灰度颜色模式下支持Alpha通道，但在索引颜色和位图颜色模式下不支持Alpha通道。

1.2 Illustrator CS4工作界面

Illustrator CS4的工作界面主要由标题栏、菜单栏、工具箱、调板、页面区域、滚动条、状态栏等部分组成，如图1-9所示。

• 标题栏：位于窗口的最上方，左侧显示了当前软件的名称以及将要编辑或处理的图形文件名称，右侧是窗口的控制按钮。

• 菜单栏：包括文件、编辑、对象、文字等9个菜单，每一个菜单又包含多个子菜单，通过应用这些菜单命令可以完成各种操作。

・工具箱：包括了Illustrator CS4中所有的工具，大部分工具还有其展开式工具栏，里面包含了与该工具功能相类似的工具，可以更方便、快捷地进行绘图与编辑。

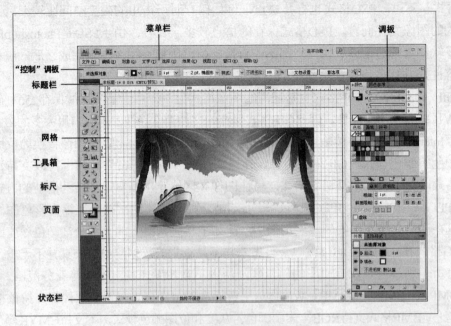

图1-9　Illustrator CS4的工作界面

・调板：调板是Illustrator CS4最重要的组件之一，在调板中可设置数值和调节功能。调板是可以折叠的，可根据需要分离或组合，具有很大的灵活性。

・页面区域：是指工作界面中间黑色实线所围的矩形区域，这个区域的大小就是用户设置的页面大小。

・滚动条：当屏幕内不能完全显示出整个文档的时候，通过对滚动条的拖动来实现对整个文档的浏览。

・状态栏：显示当前文档视图的显示比例、当前正使用的工具和时间、日期等信息。

1. 菜单栏

Illustrator CS4菜单栏中包含"文件"、"编辑"、"对象"、"文字"、"选择"、"效果"、"视图"、"窗口"和"帮助"共9个菜单，如图1-10所示。每个菜单中又包含了相应的子菜单。

| 文件(F) | 编辑(E) | 对象(O) | 文字(T) | 选择(S) | 效果(C) | 视图(V) | 窗口(W) | 帮助(H) |

图1-10　菜单栏

需要使用某个命令时，首先单击相应的菜单名称，然后从下拉菜单中选择相应的命令即可。一些常用的菜单命令右侧显示有该命令的快捷键，如"编辑"|"贴在前面"菜单命令的快捷键为Ctrl+F，有意识地识记一些常用命令的快捷键，可以加快操作速度，提高工作效率。

有些命令的右边有一个黑色的三角形，表示该命令还有相应的下拉菜单，将鼠标移至该命令，即可弹出其下拉菜单。有些命令的后面有省略号，表示用鼠标单击该命令即可弹出其对话框，可以在对话框中进行更详尽的设置。有些命令呈灰色，表示该命令在当前状态下不可以使用，需要选中相应的对象或进行了合适的设置后，该命令才会变为黑色，呈可用状态。

2. 工具箱

Illustrator CS4中的工具箱包括许多具有强大功能的工具，这些工具可以在绘制和编辑图像的过程中制作出精彩的效果，如图1-11所示。

要使用某种工具，直接单击工具箱中该工具即可。工具箱中的许多工具并没有直接显示出来，而是以成组的形式隐藏在右下角带小三角形的工具按钮中，使用鼠标按住工具按钮不放，即可展开工具组。例如，使用鼠标按住"文字工具" T，将展开文字工具组，如图1-12所示。使用鼠标单击文字工具组右边的黑色三角形，文字工具组就从工具箱中分离出来，成为一个相对独立的工具栏，如图1-13所示。

图1-12　展开的文字工具组

图1-11　工具箱　　　　　　　　　　图1-13　分离出来的文字工具栏

3. 调板

调板是Illustrator CS4最重要的组件之一，包括了许多实用、快捷的工具和命令，它们可以自由地拆开、组合和移动，为绘制和编辑图形提供了便利的条件。调板以组的形式出现，如图1-14所示。

　使用鼠标按住调板组中任意一个调板的标题不放，向页面中拖动，拖动到调板组外时，释放鼠标左键，将形成独立的调板。

用鼠标单击调板右上角的最小化 ■ 按钮和最大化 □ 按钮可以缩小或放大调板。

绘制图形时，经常需要选择不同的选项和数值，此时就可以通过调板来直接操作，通过选择"窗口"菜单中的各个命令可以显示或隐藏调板。

选择"窗口"|"控制"命令，显示"控制"调板，可以通过"控制"调板快速访问与所选对象相关的选项。默认情况下，"控制"调板停放在工作区顶部，如图1-15所示。

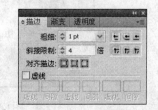

图1-14　调板组

图1-15　"控制"调板

"控制"调板中显示的选项因所选的对象或工具类型而异。例如，选择路径对象时，"控制"调板除了显示用于更改对象颜色的选项外，还会显示对象间的对齐方式选项。

1.3　实例：自定义快捷键

在Illustrator CS4中，除了默认的快捷键外，还可以编辑或创建快捷键。下面将利用"文件"|"置入"菜单命令设置快捷键。

（1）启动Illustrator CS4，执行"编辑"|"键盘快捷键"命令，打开"键盘快捷键"对话框，如图1-16所示。

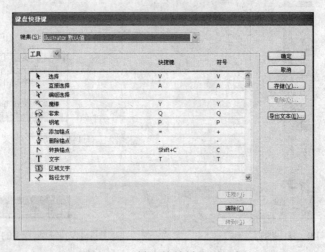

图1-16　"键盘快捷键"对话框

（2）在对话框的"工具"下拉列表框中选择"菜单命令"选项，在快捷键列表中单击"编辑"前面的▷图标，将"编辑"菜单展开，如图1-17所示。

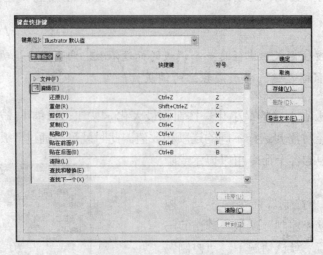

图1-17　展开的"编辑"菜单

（3）在"清除"命令的中后侧单击，此时将显示快捷键输入框，如图1-18所示。

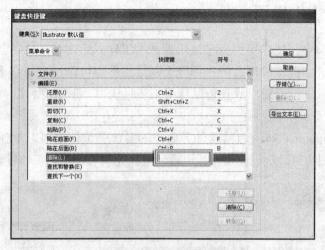

图1-18　快捷键输入框

（4）如果当前将快捷键设置为Ctrl+Shift+Q，按下Ctrl+Shift+Q键，此时对话框的状态，如图1-19所示。

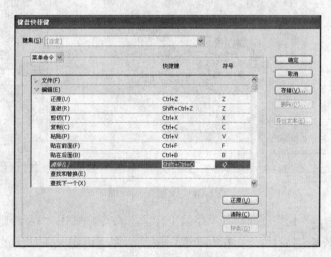

图1-19　指定快捷键

 在设置快捷键时要确定当前的输入法为英文输入法，且设置的快捷键中必须包含Ctrl键，当进行快捷键的指定时，如果在"设置"调板的底部出现提示信息，表示此快捷键已经指定给了其他的工具或命令，需要重新指定。

（5）设置好快捷键后，单击"存储"按钮，弹出"存储键集文件"对话框，如图1-20所示。名称设置完成后，单击"确定"按钮，完成快捷键的设置。

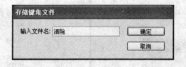

图1-20　"存储键集文件"对话框

1.4　实例：个性化界面

在Illustrator CS4中，用户可以直接使用默认的工作界面进行设计与创作，也可以根据自身需要选择软件系统中提供的现有的工作区类别，当然也可以拥有与众不同的个性化界面，也就是自己对工作区进行设置，并且可保存下来随时使用。下面将利用"窗口"|"工作区"|"存储工作区"命令实现个性化界面。

（1）启动Illustrator CS4，因为软件界面中的各部分组件都可以单独摆放，并且可以关闭不需要的组件，用户可以根据需要自行设置，下面为编者设置的工作界面，如图1-21所示。

图1-21　设置工作界面

（2）执行"窗口"|"工作区"|"存储工作区"命令，弹出"存储工作区"对话框，如图1-22所示。名称设置完成后，单击"确定"按钮，完成自定义工作区的创建。

提示　工作区保存后，执行"窗口"|"工作区"命令，即可在下一级菜单中看到保存好的工作区，如图1-23所示。

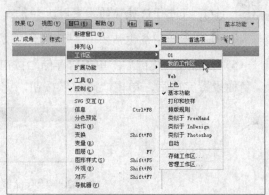

图1-22　"存储工作区"对话框　　　　　图1-23　使用自定义工作界面

1.5　图像的显示

"视图"菜单下包含了文件中有关于图像显示的基本操作命令，下面将分成几部分来向读者讲解相关的操作。

1. 视图模式

在Illustrator CS4中，一共有3种视图模式，即"轮廓"模式、"叠印预览"模式和"像素预览"模式，绘制图像时，用户可根据不同的需要选择不同的视图模式。

• "轮廓"模式：执行"视图"|"轮廓"命令，或按Ctrl+Y快捷键，将切换到"轮廓"模式。在"轮廓"模式下，视图将显示为简单的线条状态，因为隐藏了图像的颜色信息，所以显示和刷新的速度比较快。用户在实际操作中，可以根据需要，单独查看轮廓线，以节省运算速度，提高工作效率。"轮廓"模式的图像显示效果如图1-24所示。

• "叠印预览"模式：执行"视图"|"叠印预览"命令，将切换到"叠印预览"模式。"叠印预览"模式可以显示出四色套印的效果，接近油墨混合的效果，颜色比正常模式下要暗一些，如图1-25所示。

• "像素预览"模式：执行"视图"|"像素预览"命令，将切换到"像素预览"模式。"像素预览"模式可以将绘制的矢量图像转换为位图显示。这样可以有效控制图像的精确度和尺寸等，转换后的图像在放大时会看见排列在一起的像素点，如图1-26所示。

图1-24　"叠印预览"模式

图1-25　"叠印预览"模式

图1-26　"像素预览"模式

2. 缩放、移动页面

在绘制和编辑图形时，需要不断地放大、缩小、移动页面来查看对象。熟练掌握页面的查看和移动方法，将会使工作更为得心应手。

• 缩放页面：绘制图像时，执行"视图"|"适合窗口大小"命令，或按Ctrl+0快捷键，图像就会最大限度地全部显示在工作界面中并保持其完整性。执行"视图"|"实际大小"命令，或按Ctrl+1快捷键，可以将图像按100%的效果显示。执行"视图"|"放大"命令，或按Ctrl++快捷键，页面内的图像就会被放大。也可以使用"缩放工具" 🔍 放大显示图像，单击"缩放工具" 🔍，指针会变为一个中心带有加号的放大镜，单击鼠标左键，图像就被放大。也可使用状态栏放大显示图像，在状态栏中的百分比文本框中选择比例值，或者直接输入需要放大的百分比数值，按Enter键即可执行放大操作。还可使用"导航器"调板放大显示图像，单击调板左下角较小的双三角图标，可逐级放大图像，拖动三角形滑块可以任意将图像放大。在左下角的数值框中直接输入数值，按Enter键也可以放大图像。

若当前正在使用其他工具，想切换到"缩放工具"，按Ctrl+空格键即可，切换到"缩小工具"，按Ctrl+Alt+空格键即可。

　　Illustrator CS4有3种屏幕显示模式：正常屏幕模式、带有菜单栏的全屏模式和全屏模式。用户可以通过单击工具箱中的"更改屏幕模式"按钮，来选择、切换屏幕显示模式；反复按F键，也可切换不同的屏幕显示模式。"正常屏幕模式"是默认的屏幕模式。"带有菜单栏的全屏模式"是在全屏窗口中显示图稿，有菜单栏但是没有标题栏或滚动条。"全屏模式"是在全屏窗口中显示图稿，不带标题栏、菜单栏或滚动条，按下Tab键，可隐藏除图像窗口之外的所有组件，如图1-27所示。

　　•移动页面：单击"抓手工具" ，按住鼠标左键直接拖动，即可移动页面。在使用除"缩放工具"以外的其他工具时，可以按住空格键在页面上按下鼠标左键，此时将切换至"抓手工具"，然后拖动即可移动页面。另外，还可以使用窗口底部或右部的滚动条来控制窗口中的显示内容。

　　3. 标尺、参考线和网格

　　绘制图形时，使用标尺可以对图形进行精确的定位，还可以准确测量图形的尺寸，辅助线可以确定对象的相对位置，标尺和辅助线均不会被打印输出。

　　•更改标尺单位：新建文件后，窗口左边和上边会有两条（X轴和Y轴）带有刻度的标尺，如果没有，执行"视图"|"显示标尺"命令，或按下键盘上的Ctrl+R快捷键，即可显示标尺。相反，执行"视图"|"隐藏标尺"命令，或再次按Ctrl+R快捷键，可将标尺隐藏。若要设置标尺的单位，执行"编辑"|"首选项"|"单位和显示性能"命令，弹出"首选项"对话框，如图1-28所示，用户可在"常规"下拉列表框中设置标尺的显示单位。

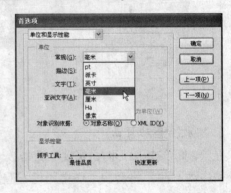

图1-27　"全屏模式"效果　　　　　　　　图1-28　更改标尺单位

　　当只需更改当前文档的标尺单位，而不想影响以后建立的文档的标尺单位，可执行"文件"|"文档设置"命令，弹出"文档设置"对话框，然后在"单位"下拉列表框中设置标尺的显示单位，如图1-29所示。

 在水平标尺或垂直标尺上单击右键，这时会弹出图1-30所示的度量单位快捷菜单，直接选择需要的单位即可更改标尺单位。水平标尺与垂直标尺不能设置为不同的单位。

·改变标尺的零点：两个标尺相交的零点位置就是标尺零点，默认情况下，标尺的零点位置在页面的左下角。标尺零点可以根据需要而改变，将鼠标指向标尺零点标记，此时无论使用的是哪一种工具，都将变成"选择工具"，选中标尺零点标记并按住鼠标左键进行拖动，会出现两条十字交叉的虚线，调整到目标位置后释放鼠标，新的零点位置就设定好了，如图1-31所示。文本和图形图像的当前位置和移动数值是以标尺零点为基准的。

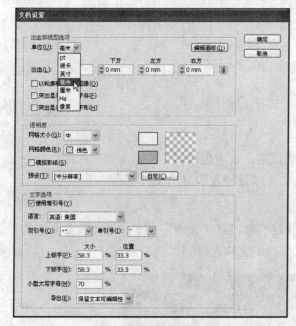

图1-29 "文档设置"对话框

图1-30 更改标尺单位

图1-31 更改标尺零点

双击标尺零点标记，可将标尺零点恢复到页面左下角的默认位置。

·参考线：在绘制图形的过程中，参考线有助于对图形进行对齐操作，分为普通参考线和智能参考线，普通参考线又分为水平参考线和垂直参考线。用户可以直接从水平标尺上拖出水平参考线，或者从垂直标尺上拖出垂直参考线。通过执行"视图"|"参考线"|"隐藏参考线"命令，或按Ctrl+;快捷键，可以隐藏参考线；执行"视图"|"参考线"|"锁定参考线"命令可以锁定参考线；执行"视图"|"参考线"|"清除参考线"命令可以清除所有参考线。根据需要也可以将图形或路径转换为参考线，选中要转换的路径，执行"视图"|"参考线"|"建立参考线"命令，即可将选中的路径转换为参考线，如图1-32所示。

执行"视图"|"参考线"|"释放参考线"命令，可以将参考线转换成为可以编辑的对象。

智能参考线可以根据当前的操作以及操作的状态显示参考线及相应的提示信息，执行"视图"|"智能参考线"命令，或按下键盘上的Ctrl+U快捷键，就可以显示智能参考线。当图形移动或旋转到一定角度时，智能参考线就会高亮显示并给出提示信息，如图1-33所示。

·网格：网格就是一系列交叉的虚线或点，可以用来精确对齐和定位对象。执行"视图"|"显示网格"命令，就可以显示出网格；执行"视图"|"隐藏网格"命令，可将网格隐藏。

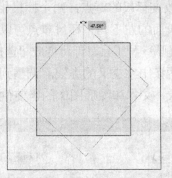

图1-32 将图形转换为参考线　　　　　图1-33 智能参考线

1.6 文件的基本操作

在学习Illustrator CS4绘制和编辑图形功能之前，读者应该对一些基本的文件操作命令进行了解，例如打开文件、建立新文件、存储文件以及导入和导出文件等。

1. 新建和打开文件

启动Illustrator CS4，出现图1-34所示的欢迎界面，从"新建"列表中选择一个新的文档配置文件，在"新建文档"对话框中，键入文档的名称，就可以建立新文件。

图1-34 欢迎界面

执行"文件"|"新建"命令，或按下键盘上的Ctrl+N快捷键，弹出"新建文档"对话框，如图1-35所示。在该对话框中设置相应的选项后，单击"确定"按钮，即可建立一个新的文件。

- 名称：在对应的文本框中可以输入新建文件的名称，默认状态下为"未标题-1"。
- 大小：可以在下拉列表框中选择软件中预置的页面尺寸，也可以在其下方的"宽度"和"高度"数值框中自定义文件的尺寸。
- 单位：在下拉列表框中选择文档的度量单位，默认状态下为"毫米"。
- 取向：用于设置新建页面是竖向或横向排列。

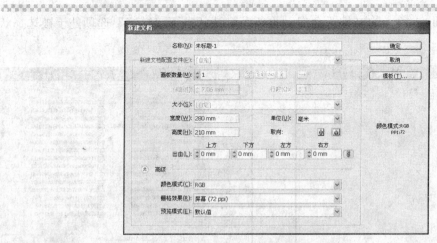

图1-35　"新建文档"对话框

·颜色模式：用于设置新建文件的颜色模式。

·栅格效果：用于为文档中的栅格效果指定分辨率。准备以较高分辨率输出到高端打印机时，应该将此选项设置为"高"。默认情况下，"打印"配置文件将此选项设置为"高"。

·预览模式：为文档设置默认预览模式，可以使用"视图"菜单更改此选项。"默认值"模式是在矢量视图中以彩色显示在文档中创建的图稿，放大或缩小时将保持曲线的平滑度；"像素"模式是显示具有栅格化（像素化）外观的图稿，它不会实际对内容进行栅格化，而是显示模拟的预览，就像内容是栅格一样。"叠印"模式提供"油墨预览"，它模拟混合、透明和叠印在分色输出中的显示效果。

可以在Illustrator CS4内置的模板基础上新建一个文件，继续在模板上编辑。选择"文件"|"从模板新建"命令，弹出"从模板新建"对话框，选择一个模板，单击"新建"按钮，Illustrator CS4将使用与模板相同的内容和文档设置创建一个新文件，但不会改变原始模板文件。

在Illustrator CS4中有多种打开文件的方法。首先，可以从欢迎界面的"打开最近使用的项目"列表中选择一个文件，或者执行"文件"|"最近打开的文件"命令，然后从列表中选择一个文件。

执行"文件"|"打开"命令，或者按下键盘上的Ctrl+O快捷键，弹出"打开"对话框，如图1-36所示。在"查找范围"下拉列表框中选择要打开的文件，单击"打开"按钮，即可打开选择的文件。

2. 置入和导出文件

执行"文件"|"置入"命令，弹出"置入"对话框，如图1-37所示。在对话框中，选择要置入的文件，然后单击"置入"按钮即可将选择的文件置入到页面中。"置入"命令可以将多种格式的图形、图像文件置入到Illustrator CS4中，文件还可以以嵌入或链接的形式被置入，也可以作为模板文件置入。

·链接：选择"链接"选项，被置入的图形或图像文件与Illustrator文档保持独立，最终形成的文件不会太大，当链接的文件被修改或编辑时，置入的文件也会自动更新。若不选择此选项，置入的文件会嵌入到Illustrator软件中，形成一个较大的文件，并且当链接的文件被编辑或修改时，置入的文件不会自动更新。默认状态下"链接"选项处于被选择状态。

图1-36　"打开"对话框

图1-37　"置入"对话框

· 模板：选择"模板"选项，置入的图形或图像将被创建为一个新的模板图层，并自动使用图形或图像的文件名称为该模板命名。

· 替换：如果在置入图形或图像文件之前，页面中具有被选取的图形或图像，选择"替换"选项，可以用新置入的图形或图像替换被选取的图形或图像。页面中如没有被选取的图形或图像文件，"替换"选项呈现灰色，表示目前不能使用。

执行"文件"|"导出"命令，弹出"导出"对话框，如图1-38所示。在对话框的"文件名"选项右侧的下拉列表框中可以重新输入文件的名称，在"保存类型"选项右侧的下拉列表框中可以设置导出的文件类型，以便在指定的软件中打开导出的文件，然后单击"保存"按钮，弹出一个对话框，设置所需要的选项后，单击"确定"按钮，完成导出操作。

"导出"命令可以将在Illustrator CS4软件中绘制的图形导出为多种格式的文件，以便在其他软件中打开，并进行编辑处理。

3. 保存和关闭文件

当第一次保存文件时，执行"文件"|"存储"命令，或按下键盘上的Ctrl+S快捷键，会弹出"存储为"对话框，如图1-39所示。在对话框中输入要保存文件的名称，设置保存文件的路径和类型。设置完成后，单击"保存"按钮，即可保存文件。

　Illustrator CS4保存文件的默认格式为.ai。

当对图形文件进行了各种编辑操作并保存后，再执行"文件"|"存储"命令时，将不弹出"存储为"对话框，而会直接保存最终确认的结果，并覆盖掉原始文件。

如果既要保存修改过的文件，又不想放弃原文件，可以执行"文件"|"存储为"命令，或按下键盘上的Ctrl+Shift+S快捷键，在弹出的"存储为"对话框中为修改过的文件重新命名，

并设置文件的路径和类型。设置完成后，单击"保存"按钮，原文件依旧保留不变，而修改过的文件将被另存为一个新的文件。

图1-38 "导出"对话框

图1-39 "存储为"对话框

如果用户需要关闭文件，只需执行"文件"|"关闭"命令，或按**Ctrl+W**快捷键，即可将当前文件关闭。需要注意的是，"关闭"命令只有当文件被打开时才呈现为可用状态。

另外，单击绘图窗口右上角的"关闭"⊠按钮也可关闭文件，若当前文件被修改过或是新建的文件，那么在关闭文件的时候就会弹出一个警告对话框，如图1-40所示。单击"是"按钮即可先保存对文件的更改再关闭文件，单击"否"按钮则不保存对文件的更改而直接关闭文件。

4. 恢复和还原文件

当文件保存后，再次进行编辑时，如果对所做的修改不满意而想回到上一次保存时的状态，除了可以使用常用的**Ctrl+Z**快捷键进行撤销外，还可以使用菜单中的相关命令来解决此问题。

在对文件做出修改后，执行"文件"|"恢复"命令，会弹出一个警告对话框，如图1-41所示。单击"恢复"按钮，即可将文件恢复为上一次保存后的状态。

图1-40 保存警告对话框

图1-41 恢复警告对话框

修改文件后，选择"编辑"菜单，在菜单的最上方会显示与操作相对应的还原命令，执行命令后，可以还原一次操作，如果进行了多次修改，可以反复执行此命令进行还原。

1.7　实例：Adobe Bridge应用

下面使用Adobe Bridge浏览并打开文件，具体操作步骤如下：

（1）启动Illustrator CS4，然后执行"文件"|"浏览"命令，或者单击"控制"调板中的"转到Bridge"按钮，启动Adobe Bridge，选择文件夹后，就可以观察到一幅幅精美的图片，如图1-42所示。

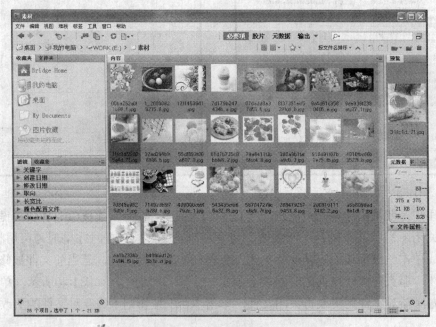

图1-42　使用Adobe Bridge浏览图像

（2）双击所选中的文件，就可以将其打开，如图1-43所示。

图1-43　打开文件

 在文件上单击右键，从弹出菜单中选择"打开"命令，也可以打开文件。

课后练习

1. 简答题

（1）Illustrator CS4工作界面由哪几部分组成？

（2）水平标尺与垂直标尺能否分别设置为不同的单位？

（3）如何恢复标尺零点默认值？

（4）矢量图形和位图图像的主要区别是什么？

（5）用于彩色印刷的图像分辨率通常要达到多少？

（6）在网络中，图片最常用的是什么格式？

2. 操作题

创建封面设计新文件。

要求：

（1）文件名为"时尚杂志封面"。

（2）文件尺寸为384mm×226mm。

（3）出血为3mm。

第2课

绘制编辑图形

本课知识结构

在本课中学习Illustrator CS4中基础图形的绘制和编辑方法，熟练掌握这些基础图形的绘制和编辑方法，是创建复杂图形作品的基础。

就业达标要求

★ 创建各种几何图形　　　　　　　★ 使路径平滑

★ 创建各种线性图形　　　　　　　★ 删除路径

★ 分割路径和图形　　　　　　　　★ 组合各种图形和路径

★ 为图形添加各种变形效果　　　　★ 设置各种工具的参数

2.1　实例：卡通插画（绘制基本图形）

在Illustrator CS4中提供了多种绘制几何图形的工具。如"矩形工具" 、"圆角矩形工具" 、"椭圆工具" 、"多边形工具" 和"星形工具" ，使用这些工具可以创建一些常见的基础图形。另外，还有一个"光晕工具" ，这是Illustrator中比较有特点的一个工具，它可以制作出模拟镜头光晕的效果。

几何工具的使用方法简单而且基本相同，下面将以卡通插画为例，详细讲解几何图形工具的使用方法。制作完成的卡通插画效果如图2-1所示。

1. 绘制矩形图形

（1）启动Illustrator CS4，执行"文件"|"打开"命令，打开本书"配套素材\Chapter-02\卡通插画背景.ai"文件，如图2-2所示。

图2-1　完成效果

图2-2　素材文件

（2）选择工具箱中的"矩形工具" ，在页面中心单击并拖动鼠标，如图2-3所示。释放鼠标即可完成矩形图形的绘制，效果如图2-4所示。

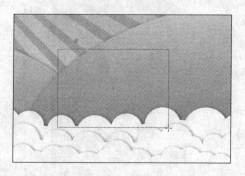

图2-3　绘制矩形图形

图2-4　绘制矩形完成

提示　按下Shift键的同时，使用"矩形工具"绘制的图形为正方形，如图2-5所示。按下Alt键时鼠标指针为 ⊕，这时在页面中单击并拖动鼠标，将以中心为起点绘制矩形图形，如图2-6所示。

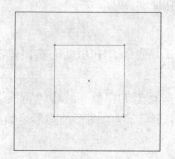

图2-5　绘制正方形

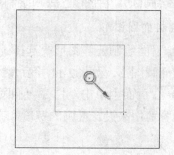

图2-6　以中心为起点绘制矩形

（3）使用"矩形工具" 在视图中单击，打开"矩形"对话框，设置对话框的参数。"宽度"选项用来设置矩形图形的宽度；"高度"选项用来设置矩形图形的高度。设置完毕后，单击"确定"按钮，创建矩形图形，如图2-7和图2-8所示。

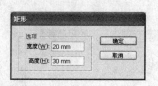

图2-7　"矩形"对话框

图2-8　创建矩形图形

2. 绘制圆角矩形图形

选择工具箱中的"圆角矩形工具" ，在页面中单击，打开"圆角矩形"对话框，设置对话框的参数。其中"圆角半径"选项用来设置圆角的弧度，设置完毕后单击"确定"按钮即可创建圆角矩形图形，如图2-9和图2-10所示。

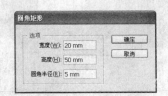

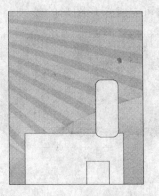

图2-9 "圆角矩形"对话框   图2-10 创建圆角矩形图形

 在使用"圆角矩形工具"时，单击并拖动鼠标，在不释放鼠标的情况下，按下↑键或按下↓键可以直接调整圆角矩形圆角的弧度。

其他绘制圆角矩形的方法和绘制矩形图形的方法相同。

3. 绘制椭圆图形

（1）下面绘制云彩图形。选择工具箱中的"椭圆工具" 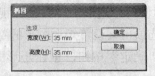，在页面的右侧单击并拖动鼠标绘制椭圆图形，如图2-11所示。

（2）在页面中单击，打开"椭圆"对话框，设置对话框的参数。其中"宽度"和"高度"选项分别用来设置椭圆的宽度和高度，两个参数相同时绘制的图形为圆形，如图2-12和图2-13所示。

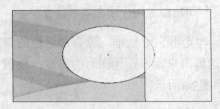

图2-11 绘制椭圆   图2-12 "椭圆"对话框

 按下Shift键的同时，使用"椭圆工具"绘制图形，绘制的同样为圆形。

（3）参照图2-14所示继续绘制多个椭圆。

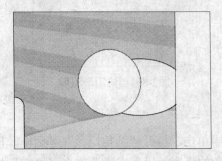

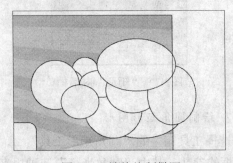

图2-13 创建圆形图形   图2-14 继续绘制椭圆

（4）使用同样的方法绘制另一朵云彩，如图2-15所示。

4. 绘制多边形和星形图形

（1）使用"多边形工具" 在页面的下方单击并拖动鼠标绘制多边形图形。绘制完成后释放鼠标即可，如图2-16和图2-17所示。

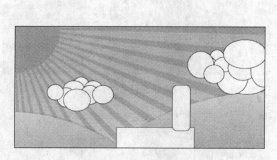

图2-15　绘制云彩

图2-16　绘制多边形

> **技巧** 在使用"多边形工具"时，单击并拖动鼠标，在不释放鼠标的情况下，按下↑键或按下↓键可以调整多边形的边数。

（2）使用"多边形工具" 在视图中单击，打开"多边形"对话框，设置对话框的参数。其中"半径"选项和"边数"选项分别用来设置多边形的大小和边的数量。设置完毕后单击"确定"按钮，创建三角形，如图2-18和图2-19所示。

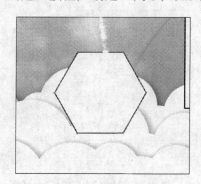

图2-17　绘制多边形

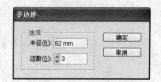

图2-18　"多边形"对话框

（3）使用"选择工具" 调整图形的高度，如图2-20所示。

（4）使用"星形工具" 在页面底部的右侧单击，打开"星形"对话框，设置对话框的参数。其中"半径1"和"半径2"选项用来设置星形的大小；"角点数"选项用来设置星形图形边角的数量。设置完毕后单击"确定"按钮创建星形图形，如图2-21和图2-22所示。

> **技巧** 在使用"星形工具"时，单击并拖动鼠标，在不释放鼠标的情况下，按下↑键或按下↓键可以调整星形图形的边角数。

（5）参照以上绘制星形图形的方法，绘制其他星形图形，如图2-23所示。

（6）设置相应图形的颜色，并将云彩图形和房顶的部分群组，如图2-24所示。

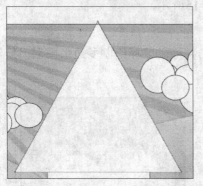

图2-19　使用对话框创建多变形

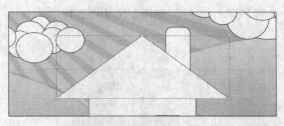

图2-20　调整图形高度

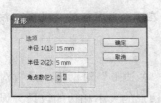

图2-21　"星形"对话框

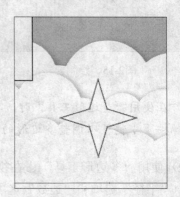

图2-22　使用对话框创建星形图形

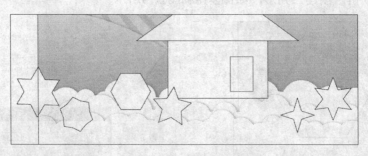

图2-23　绘制星形图形

图2-24　群组图形

（7）在"图形样式"调板中为绘制的图形添加阴影效果，然后分别设置图形的颜色，如图2-25所示。

（8）参照图2-26所示调整图形的图层顺序。

5. 绘制光晕图形

（1）使用"光晕工具" 在页面中单击并拖动鼠标，绘制光晕图形的射线部分，然后再次单击绘制光晕的环形部分，完成光晕图形的绘制，如图2-27和图2-28所示。

图2-25 添加阴影效果

图2-26 设置图形的图层顺序

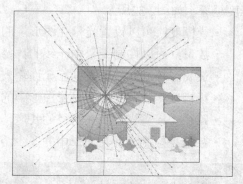

图2-27 绘制图形

（2）至此该实例制作完成，效果如图2-29所示。

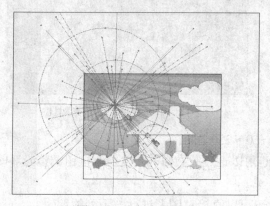

图2-28 绘制光晕图形

图2-29 完成效果

使用"光晕工具" 🔍 在页面中单击，同样可以打开"光晕工具选项"对话框，如图2-30所示。

• 直径：用于设置中心控制点直径的大小，可根据需要在该文本框中输入0～1000的参数值。

· 不透明度和亮度：分别控制中心点的不透明度和亮度。取值范围均为0~100。可以直接在文本框内输入参数值。也可以单击文本框后的按钮，在弹出的下拉式滑杆上拖动三角滑块进行调节。文本框中的数值也将随之发生相应的变化。图2-31所示为改变不透明度而亮度不变的前后对比效果。

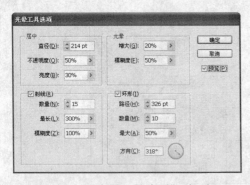

图2-30　"光晕工具选项"对话框

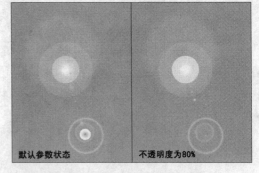

图2-31　更改光晕图形的不透明度

· 增大：用来设置光晕围绕中心控制点的辐射程度，参数值越小，光晕绕中心控制点的程度越深，如图2-32所示。

· 模糊度：可以设置光晕在图形中的模糊程度，该选项的取值范围为0~100。

· 数量：可以控制光晕中光线的数量。在文本框中可以输入0~50的参数值。

· 最长：控制光线的长度。允许输入0~100的参数值。

· 模糊度：设置光线在光晕图形中的模糊程度，其参数值的取值范围在0~100之间。

· 路径：设置光环所在路径的长度，其长度在0~1000之间。

· 数量：控制光环在光晕中的多少，图2-33所示为不同数量光晕的对比。

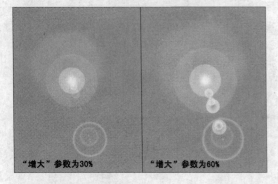

图2-32　不同"增大"参数光晕图形对比

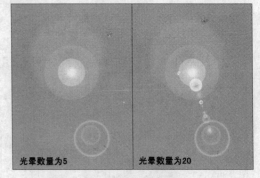

图2-33　不同数量光晕图形对比

· 最大：设置光环的大小比例，取值范围在0~250之间。

· 方向：设置环形在光晕中的旋转角度。也可以通过它右面的角度控制按钮调整光环的角度。

在使用"光晕工具"绘制光晕图形后，还可以直接对图形进行一系列的编辑。

· 调整光晕中心至末端的距离：如果需要改变光晕中心至末端的距离，可以选择光晕图形，然后将【光晕工具】移动至中心或末端的位置，待光标变形后，拖动鼠标即可，如图2-34所示。

图2-34 调整光晕中心至末端的距离

 在【光晕】属性栏中，也可以对光晕图形的颜色、不透明度、在页面中的位置、尺寸等内容进行设置。

• 改变光晕图形的外形：使用【直接选择工具】 ↖ 可以单独选中光晕图形的各个部分，并进行外形的编辑，如图2-35所示。

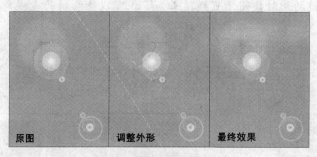

图2-35 调整光晕的外形

2.2 实例：平面构成（线性工具组的应用）

Illustrator CS4中的线性工具组包括"直线段工具" ↘、"弧线工具" ⌒、"螺旋线工具" ◎、"矩形网格工具" ▦、"极坐标网格工具" ⊛。使用这些工具可以绘制直线段、弧线、螺旋线、矩形网格和极坐标网格图形。

这些工具的使用方法非常简单，是绘制基础图形必不可少的工具。下面将以平面构成为例，详细讲解线性工具组中各个工具的使用方法。图2-36是制作完成的平面构成效果。

1. 绘制直线图形

（1）启动Illustrator CS4，新建一个文档，使用工具箱中的"矩形工具" ▢ 绘制一个矩形图形，并设置图形的颜色，如图2-37所示。

（2）设置描边色为白色，使用工具箱中的"直线段工具" ↘ 在页面的顶部单击并拖动鼠标，绘制直线图形，如图2-38和图2-39所示。

图2-36 完成效果

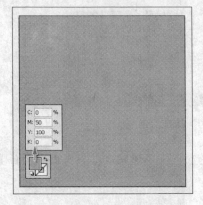

图2-37　绘制矩形图形

图2-38　绘制直线

 　按下Shift键的同时使用"直线段工具"，可以使绘制的直线角度为45°的倍数。

（3）使用工具箱中的"直线段工具" ，在页面中单击，打开"直线段工具选项"对话框，设置对话框的参数。其中"长度"选项就是将要绘制的直线长度，"角度"选项用于定义直线的旋转角度。设置完毕后单击"确定"按钮，创建直线，如图2-40所示。

图2-39　绘制直线

图2-40　使用对话框绘制直线

（4）参照以上绘制直线的方法，绘制其他直线图形，如图2-41所示。

2. 绘制弧线图形

（1）选择工具箱中的"弧线工具" ，在页面右侧单击并拖动鼠标，绘制弧线图形，如图2-42和图2-43所示。

图2-41　绘制直线

图2-42　绘制弧线

使用"弧线工具"单击并拖动鼠标时，在不释放鼠标的状态下按下键盘上的↑键或↓键，可以调整弧线的弧度。

（2）使用相同的方法继续创建其他弧线，如图2-44所示。

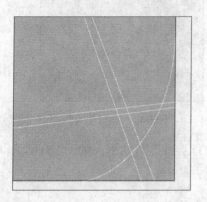

图2-43　绘制弧线

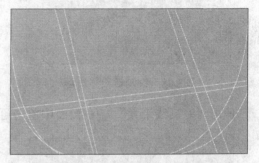

图2-44　使用对话框绘制弧线

使用"弧线工具" 在页面中单击，可打开"弧线段工具选项"对话框，利用该对话框可精确地设置弧线图形，如图2-45所示。

"弧线段工具选项"对话框中各个选项的含义如下。

· X轴长度：设置弧线在X轴上的长度。

· Y轴长度：设置弧线在Y轴上的长度。

· 类型：该下拉列表框中有"开放"和"闭合"两个选项，选择"开放"选项绘制的图形为弧线，选择"闭合"选项绘制的图形为弧形，效果如图2-46和图2-47所示。

· 基线轴：该选项设置弧线弧度的方向。

· 斜率：该选项控制弧线的弧度。

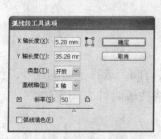

图2-45　"弧线段工具选项"对话框

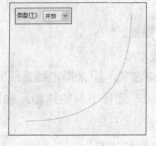

图2-46　开放弧线

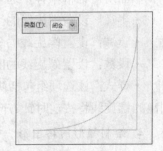

图2-47　闭合弧线

3. 绘制螺旋线图形

（1）使用"螺旋线工具" 在页面相应的位置单击并拖动鼠标，绘制螺旋线图形，如图2-48、图2-49所示。

（2）使用同样的方法绘制其他螺旋线图形，如图2-50所示。使用"螺旋线工具"单击并拖动鼠标，在不释放鼠标的状态下，当按下↑键和↓键，可以调整螺旋线的圈数；当按下Ctrl键并移动鼠标时，可以调整螺旋线的密度。

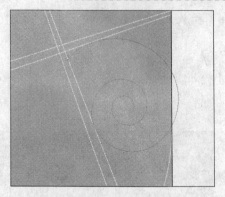

图2-48　绘制螺旋线图形

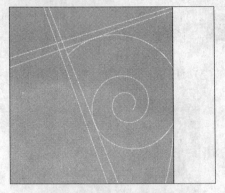

图2-49　绘制螺旋线图形

使用"螺旋线工具" 在页面中单击可打开"螺旋线"对话框，如图2-51所示。

图2-50　绘制螺旋线图形

图2-51　"螺旋线"对话框

下面对对话框中各个选项的含义进行介绍。

- 半径：设置螺旋线的半径。
- 衰减：设置螺旋线的疏密程度。
- 段数：设置螺旋线的圈数。
- 样式：该选项组包括两个单选项，用来指定螺旋线的旋转方向。选择上面的选项，绘制出的螺旋线将按逆时针方向旋转；选择下面的选项，螺旋线将按顺时针方向旋转。

4. 绘制矩形网格图形

（1）选择工具箱中的"矩形网格工具" ，在页面上单击打开"矩形网格工具选项"对话框，参照图2-52和图2-53所示，设置对话框的参数，创建矩形网格图形。

> **技巧**　在绘制矩形网格图形时，如果按下键盘上的↑键或↓键，可分别增加或减少图形中水平方向上的网格线；如果按下键盘上的←键或→键，可分别增加或减少图形中垂直方向上的网格线。

（2）参照图2-54所示设置网格的颜色并设置网格线的粗细。

"矩形网格工具选项"对话框中各个选项的含义如下。

- 宽度：设置矩形网格的宽度。

· 高度：设置矩形网格的高度。

· 数量：设置矩形网格垂直线或水平线的数量。

· 倾斜：该选项可以使垂直线或水平线之间的距离递增或递减，效果如图2-55和图2-56所示。

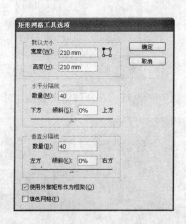

图2-52　"矩形网格工具选项"对话框

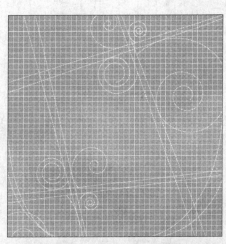

图2-53　绘制矩形网格图形

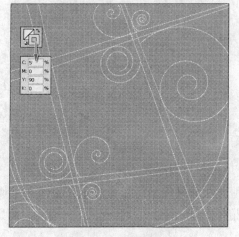

图2-54　编辑图形

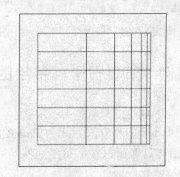

图2-55　绘制矩形

5. 绘制极坐标网格图形

（1）设置前景色为黄色，描边色为无。使用"极坐标网格工具" ⊕ 在页面相应的位置单击，打开"极坐标网格工具选项"对话框，设置对话框的参数，创建极坐标网格图形，效果如图2-57和图2-58所示。

（2）参照图2-59所示添加其他图形和文字信息，完成本实例的制作。

"极坐标网格工具选项"对话框中各个选项的含义如下。

· 宽度：设置极坐标网格的宽度。

· 高度：设置极坐标网格的高度。

· 同心圆分割线：设置极坐标网格图形同心圆的数量和间距。

· 径向分割线：设置辐射线的数量和间距。

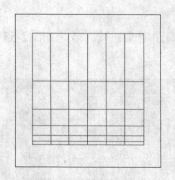

图2-56　绘制矩形

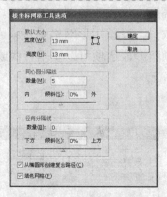

图2-57　设置对话框参数

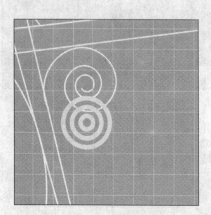

图2-58　绘制极坐标网格图形

图2-59　完成效果

2.3　实例：节日贺卡（手绘图形）

本节为读者介绍"铅笔工具" ✎、"平滑工具" ✎ 和"橡皮擦工具" ✎ 的使用方法。"铅笔工具"可以绘制开放或者闭合的路径，它的使用方法非常简单，就像在画纸上绘制图像一样；"平滑工具"可以在尽可能地保持原形状的基础上，修整路径的平滑度；"橡皮擦工具"可以将部分路径删除。

下面将以节日贺卡为例，详细讲解各个手绘图形工具的使用方法。制作完成的节日贺卡效果如图2-60所示。

1. 使用"铅笔工具"绘制图形

（1）在Illustrator CS4中，执行"文件" | "打开"命令，打开本书"配套素材\Chapter-02\圣诞卡背景.ai"文件，如图2-61所示。

（2）使用工具箱中的"铅笔工具" ✎，在视图中单击并拖动鼠标绘制图形，效果如图2-62所示。

如果需要绘制闭合路径，可以在绘制路径的过程中按下Alt键，鼠标指针变为 ✎ 时，释放鼠标即可，如图2-63所示。

图2-60 完成效果

图2-61 素材文件

图2-62 使用"铅笔工具"绘制图形

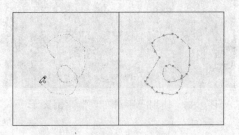

图2-63 绘制闭合路径

（3）使用同样的方法继续绘制其他图形，如图2-64所示。

双击工具箱中的"铅笔工具"，打开"铅笔工具选项"对话框，如图2-65所示。

图2-64 继续绘制图形

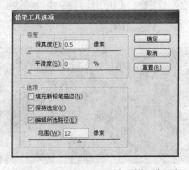

图2-65 "铅笔工具选项"对话框

接下来介绍各个选项的含义。

· 保真度：该选项用来设置路径和鼠标移动轨迹的相同程度。该选项的参数值越大，绘制的路径和鼠标移动的轨迹越接近，锚点越多；该选项的参数值越小，绘制的路径锚点越少，路径越平滑。

· 平滑度：该选项用来控制所绘路径的平滑程度，当其数值越小时，所产生的曲线越粗糙；数值越大时，则绘制的曲线越平滑。

· 填充新铅笔描边：选择该复选框，绘制的路径填充填色的颜色。取消该选项的选择状态，绘制的路径不填充颜色。

· 保持选定：当该选项为选择状态时，绘制完成后的路径为选择状态。

· 编辑所选路径：当该选项为选择状态时，可以在路径上继续绘制图形。

·范围：该选项设置鼠标指针与已有路径需要达到多近距离，才可继续绘制路径。此选项仅在"编辑所选路径"选项为选择状态时可用。

2. 使用"平滑工具"编辑图形

（1）选择工具箱中的"平滑工具" ，选择需要平滑的路径，在路径上单击并拖动鼠标，得到平滑效果，如图2-66所示。

（2）使用相同的方法，对右侧的图形进行平滑处理，如图2-67所示。

图2-66　使用"平滑工具"平滑图形

图2-67　调整图形

3. 使用"路径橡皮擦工具"编辑图形

（1）参照图2-68所示选择曲线图形，使用工具箱中的"路径橡皮擦工具" 沿路径拖动鼠标，鼠标经过的路径将被擦除。

（2）选择绘制的所有路径，参照图2-69所示在"画笔"调板中，为路径添加画笔描边效果，效果如图2-70所示。

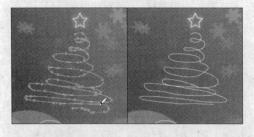

图2-68　使用"路径橡皮擦工具"擦除图形

图2-69　"画笔"调板

（3）最后使用同样的方法继续绘制其他图形，效果如图2-71所示。

图2-70　为图形添加描边效果

图2-71　完成效果

2.4 实例：书签（编辑图形）

绘制的图形并不是每次都满意，有些需要继续对其进行编辑。Illustrator CS4提供了一些针对路径的编辑工具和功能："剪刀工具" ✂、"橡皮擦工具" ✐、"美工刀工具" ⬘和"路径查找器"调板。其中"剪刀工具" ✂用于剪切路径；"橡皮擦工具" ✐用于擦除图形；"美工刀工具" ⬘不但可以剪切路径还可以剪切填充的内容；"路径查找器"调板将路径组合为新的图形。

下面通过实例书签的制作，为读者具体介绍这些工具用于编辑路径的方法。该实例的制作完成效果如图2-72所示。

1. 使用"路径查找器"调板编辑图形

（1）在Illustrator CS4中，执行"文件"|"打开"命令，打开"配套素材\Chapter-02\书签背景.ai"文件，如图2-73所示。

（2）参照图2-74所示效果，分别使用"椭圆工具" ◯和"圆角矩形工具" ▢绘制基本图形。为方便接下来的绘制，在"图层"调板中单击"图层 2"的眼睛图标，将该图层隐藏。

（3）执行"窗口"|"路径查找器"命令，打开"路径查找器"调板，如图2-75所示。

图2-72 完成效果

图2-73 素材文件

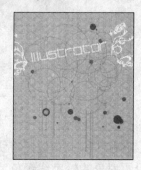

图2-74 绘制基本图形

（4）选择以上绘制的所有图形，在"路径查找器"调板中单击"联集" ▢按钮，将图形组合在一起，并参照图2-76所示为图形设置颜色。

图2-75 "路径查找器"调板

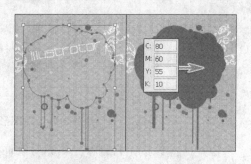

图2-76 使用"路径查找器"编辑图形

 提示 按下Alt键的同时单击"路径查找器"调板中的"形状模式"组中的按钮，可以创建复合路径。如果需要释放复合路径，可以执行"对象"|"复合路径"|"释放"命令。

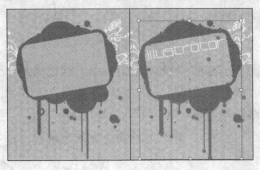

图2-77　修剪图形

（5）继续绘制圆角矩形，将所有图形选中，单击"路径查找器"调板中的"减去顶层"按钮，如图2-77所示。

下面介绍"路径查找器"调板中各个按钮的作用。

· 联集：该按钮可以将两个或多个路径对象合并成一个图形。

· 减去顶层：该按钮将从最后面的对象中减去与前面的各对象相交的部分，而前面的对象也将被删除。

· 交集：该按钮将保留所选对象的重叠部分，而删除不重叠的部分，从而生成一个新的图形。

· 差集：该按钮将会保留被选对象的不重叠部分，删除重叠的部分。

· 分割：该按钮将所有重叠对象沿交线分离成独立图形，如图2-78所示。

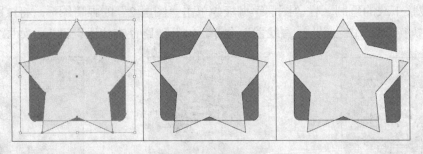

图2-78　分割图形对象

· 修边：该按钮将使用前面的对象来修剪后面的对象，从而修改后面对象的形状，并且设置对象的轮廓线颜色为无，如图2-79所示。

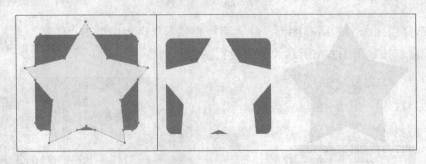

图2-79　对图形对象进行修边操作

· 合并：该按钮将删除已填充对象重叠的部分，并删除所有描边，并且合并相同颜色相邻或重叠的对象。

· 裁剪：该按钮将保留对象重叠的部分，而删除其他部分，如图2-80所示。

· 轮廓：该按钮将只保留所选对象的轮廓线，而且轮廓线颜色改变为重叠对象的填充色，轮廓线宽度为0，并且将路径分割为线段。

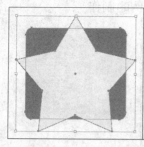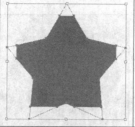

图2-80 裁剪图形对象

- 减去后方对象 ⊡：该按钮将从最前面的对象中减去后面所有的对象。

2. 使用"剪刀工具"编辑图形

（1）使用"椭圆工具"绘制圆形图形。选择"剪刀工具" ✂，在路径上单击两次，将路径分割，效果如图2-81所示。

（2）参照图2-82所示分别调整图形位置，并设置其中一个图形的颜色。

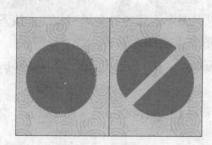

图2-81 使用"剪刀工具"将路径分割

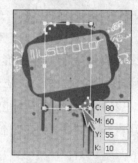

图2-82 调整图形

3. 使用"橡皮擦工具"擦除图形

选择需要擦除的图形，使用"橡皮擦工具" ▱在该图形上单击，将部分图形擦除，效果如图2-83所示。

 在使用"橡皮擦工具"时，按下［键或按下］键可以调整橡皮擦笔刷的大小。

4. 使用"美工刀工具"分割图形

（1）选择复合路径图形，使用"美工刀工具" ▯在图形上单击并拖动鼠标分割图形，将多余的图形删除，得到图2-84所示效果。

图2-83 使用"橡皮擦工具"擦除图形

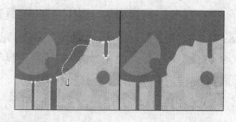

图2-84 使用"美工刀工具"分割图形

（2）最后参照图2-85所示调整图层顺序，完成本实例的制作。

图2-85 完成效果

2.5 实例：书刊插画（变形工具组的应用）

除了上面讲述的编辑工具外，Illustrator中还有一个变形工具组。该工具组中包括"变形工具" 、"旋转扭曲工具" 、"收缩工具" 、"膨胀工具" 、"扇贝工具" 、"晶格化工具" 和"皱褶工具" 。使用这些工具可以对图形进行各种变形操作，如使图形旋转变形、使图形收缩变形、使图形扩张变形、使图形产生褶皱效果等。

下面将以书刊插画为例，讲述这些工具的使用方法，该实例的完成效果如图2-86所示。

1. 使用"旋转扭曲工具"对图形进行变形操作

（1）执行"文件"|"打开"命令，打开"配套素材\Chapter-02\书刊插图背景.ai"文件，如图2-87所示。

（2）使用"星形工具" 绘制星形图形，参照图2-88所示设置图形轮廓色为无，并设置填充色为绿色。

图2-86 完成效果　　　　　图2-87 素材文件　　　　　图2-88 绘制星形

（3）双击工具箱中的"旋转扭曲工具" ，打开"旋转扭曲工具选项"对话框，参照图2-89所示设置参数，单击"确定"按钮完成设置。

（4）选择星形，使用"旋转扭曲工具" 在星形图形上按下鼠标数秒后释放鼠标，对图形进行旋转扭曲变形，如图2-90所示。

（5）使用同样的方法，绘制其他图形，并对图形进行旋转扭曲变形操作，效果如图2-91所示。

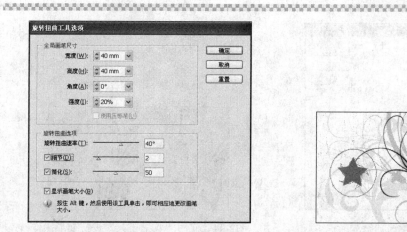

图2-89 "旋转扭曲工具选项"对话框

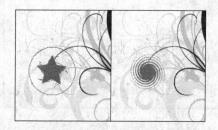

图2-90 使用"旋转扭曲工具"
对图形进行变形操作

下面介绍一下"旋转扭曲工具选项"对话框中各个选项的作用。

· 宽度：设置画笔的宽度。

· 高度：设置画笔的高度。

· 角度：该选项可以设置画笔的角度。

· 强度：设置画笔对图形扭曲的程度，数值越大使图形扭曲的效果越大。

· 旋转扭曲速率：设置画笔旋转的角度。参数值范围为180°～-180°。

· 细节：指定对象轮廓中各锚点间的间距。

· 简化：减少多余锚点的数量，导致影响图形的整体外观。

2. 使用"收缩工具"对图形进行变形操作

（1）使用"星形工具"，在页面中绘制星形图形，效果如图2-92所示。

图2-91 调整图形

图2-92 绘制星形

（2）双击工具箱中的"收缩工具" ，打开"收缩工具选项"对话框，参照图2-93所示设置参数，单击"确定"按钮完成设置。使用"收缩工具" 在星形图形上单击，使图形收缩，效果如图2-94所示。

提示 按下Alt键时鼠标指针为十，在页面中单击并拖动鼠标，可以调整画笔的宽度和高度。

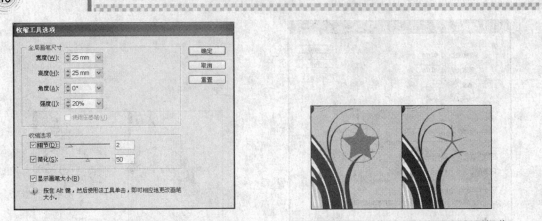

图2-93 "收缩工具选项"对话框　　　图2-94 使用"收缩工具"进行变形操作

3. 使用"扇贝工具"对图形进行变形操作

（1）选择"星形工具" ，在页面中绘制星形图形。然后使用相同的方法，使用"扇贝工具" 对图形边缘添加随机的弯曲效果，如图2-95所示。

（2）继续绘制其他图形，并使用"扇贝工具" 对这些图形进行变形操作，如图2-96所示。

图2-95 使用"扇贝工具"对图
形进行变形操作

图2-96 继续对图形进行变形操作

4. 使用"晶格化工具"对图形进行变形操作

继续绘制星形图形。使用"晶格化工具" 单击星形图形不松开，为路径添加变形效果，如图2-97所示。

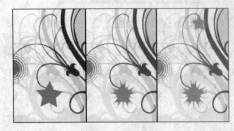

图2-97 使用"晶格化工具"对
图形进行变形操作

5. 使用"皱褶工具"对图形进行变形操作

（1）选择页面上方的矩形，使用"皱褶工具" 在图形上单击并移动鼠标，使路径产生褶皱的效果，如图2-98所示。

（2）使用相同的方法，使用"皱褶工具"对页面底部的矩形进行变形操作，得到图2-99所示效果，完成本实例的制作。

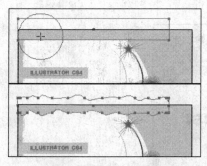

图2-98 对图形进行变形　　　　　　　图2-99 调整图形

双击工具箱中的"皱褶工具"，打开"皱褶工具选项"对话框，如图2-100所示。

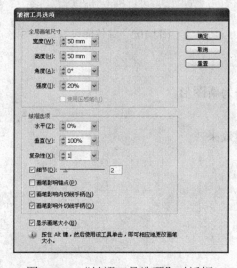

图2-100 "皱褶工具选项"对话框

该对话框和"旋转工具选项"对话框中的选项大致相同，在此只介绍一下不同选项的含义。

· 水平：该选项设置对水平路径变形的效果，参数值越大，变形的效果越明显。

· 垂直：该选项设置对垂直路径变形的效果，参数值越大，变形的效果越明显。

· 复杂性：设置效果的密度，参数值越大，每个褶皱效果之间的距离越小。该选项和"细节"选项有关。

课后练习

1. 设计制作宣传海报，效果如图2-101所示。

要求：

（1）创建各种几何图形。

（2）创建线性图形。

（3）分割路径。

图2-101 宣传海报

2. 设计制作宣传海报，效果如图2-102所示。

图2-102　宣传海报

要求：

（1）将多个图形组合为新图形。

（2）绘制图形。

（3）为图形添加变形效果。

第3课

绘制、编辑路径

本课知识结构

Illustrator CS4具有强大的绘图功能，首先表现在为用户提供了种类繁多的绘图工具，配合使用这些工具，几乎可以绘制出任意形状的图形。本软件还具有完善的编辑路径的功能，不仅能够变换路径的形状、位置、角度，还能够对路径进行剪切或切割等方面的处理。路径在图形绘制过程中应用得非常广泛，特别是在特殊图形的绘制方面，路径具有较强的灵活性和编辑修改性。本课将以实例为载体引导读者学习Illustrator CS4绘制、编辑路径方面的基本操作及常见技巧。

就业达标要求

★ 使用"钢笔工具"绘制图形　　　★ 将路径的外观扩展

★ 添加、删除锚点　　　　　　　★ 使用"画笔工具"

★ 转换锚点的属性　　　　　　　★ 创建新画笔

★ 链接开放性路径　　　　　　　★ 管理画笔

3.1　路径和锚点

在Illustrator CS4中绘制的线条或图形的描边都是由路径组成的。路径由锚点和线段组成，锚点是路径中一线段的结束和另一线段的开始。当锚点连接的线段为曲线时，锚点上将有一个以上的方向点，锚点和方向点由控制柄连接，如图3-1所示。移动方向点可以调整曲线的斜度和深度。

锚点分为两种：平滑点和角点。在平滑点上有两个方向点并且两个方向点和锚点成为一条直线。当移动一侧的方向点时另一侧的方向点也随之发生变化，如图3-2所示。

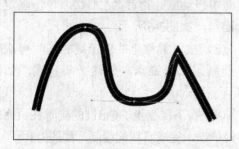

图3-1　路径的结构

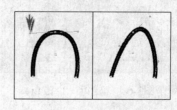

图3-2　调整平滑点

角点可以没有方向点，也可以由一个方向点或两个方向点组成。如果由两个方向点组成，两个控制柄不在同一条直线上。调整一侧的方向点时，另一侧的方向点没有变化，如图3-3所示。

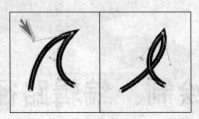

图3-3　调整角点

3.2　实例：城堡（钢笔工具组）

在钢笔工具组中包括"钢笔工具" ，、"添加锚点工具" ，、"删除锚点工具" ，和"转换锚点工具" ，，使用这些工具可以绘制和编辑路径。

这些工具的使用方法较为复杂，为了熟练掌握这些工具的使用，读者要亲自动手完成本实例。下面通过实例城堡的制作，详细介绍钢笔工具组中工具的使用方法。本实例的制作完成效果如图3-4所示。

1. 钢笔工具

（1）在Illustrator CS4中，执行"文件"|"打开"命令，打开"配套素材\Chapter-03\城堡背景.ai"文件，如图3-5所示。

图3-4　完成效果

图3-5　素材文件

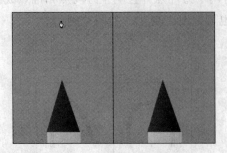

图3-6　确定第一个锚点

（2）选择工具箱中的"钢笔工具" ，，在页面中移动鼠标指针为 形状，单击确定第一个锚点，如图3-6所示。

（3）按下键盘上的Shift键的同时再次单击，绘制第二个锚点，创建一条直线，如图3-7所示。

（4）按下键盘上的Ctrl键的同时在页面的空白处单击，完成直线的绘制，如图3-8所示。

图3-7 创建一条直线

图3-8 取消选择

（5）使用相同的方法，继续绘制其他直线图形。然后参照图3-9所示，为直线设置颜色与粗细。

（6）选择"钢笔工具" ，在页面中单击创建第一个锚点，再次单击并拖动鼠标，将会出现两个锚点，这时两个锚点之间创建的路径为曲线，如图3-10所示。

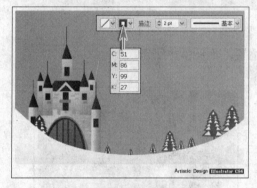

图3-9 设置直线

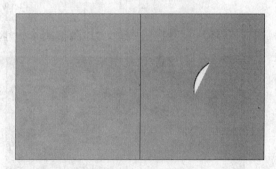

图3-10 创建锚点

（7）继续绘制路径。在页面中单击并拖动鼠标，然后在不释放鼠标的状态下按住键盘上的Alt键，再次拖动鼠标，即可调整控制柄的方向，如图3-11所示。

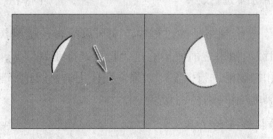

图3-11 调整曲线

（8）继续绘制路径。当需要闭合路径时，将鼠标指针移动到第一个锚点位置，这时鼠标指针变为 形状。单击锚点，即可闭合路径，如图3-12所示。

（9）使用"比例缩放工具" 配合Alt+Shift键拖动控制柄，等比例缩放并复制图形，执行"对象"|"排列"|"后移一层"命令，将当前图形向下移动一个图层，如图3-13所示。

（10）选取绘制的白云图形，取消轮廓线的填充，参照图3-14所示，为图形添加不透明效果。

图3-12　闭合路径

图3-13　复制图形

（11）复制白云图形，并调整图形大小与位置，如图3-15所示。

图3-14　为图形添加不透明效果

图3-15　复制图形

　　在使用"钢笔工具"绘制路径的过程中，也可以配合快捷键灵活编辑路径。使用"钢笔工具"时，按下Ctrl键，如果之前使用的是"直接选择工具"，则切换到"直接选择工具"，此时可对锚点和控制柄进行调整；如果之前使用的是"选择工具"，则切换到"选择工具"，此时可移动绘制的路径图形。

　　2. 添加、删除和转换锚点的工具

　　（1）使用"矩形工具"在页面中绘制矩形，如图3-16所示。

　　（2）选择"添加锚点工具"，在路径上单击，即可添加锚点。多次在路径上单击添加多个锚点，如图3-17所示。

　　使用"钢笔工具"绘制完成路径后，移动到锚点之间的路径上，此时鼠标指针的右下方将会出现"+"号，单击可添加锚点，如图3-18所示。

　　（3）选择"转换锚点工具"，在锚点位置单击并拖动鼠标，即可拖出控制柄，将锚点转换为平滑锚点，如图3-19所示。

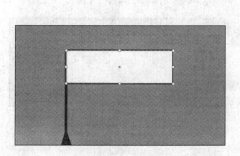

图3-16　绘制矩形

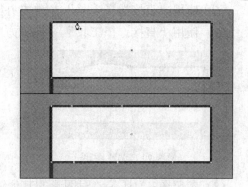

图3-17　添加锚点

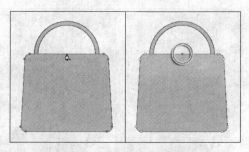

图3-18　添加锚点

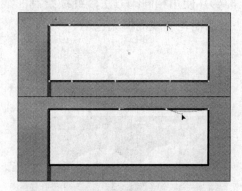

图3-19　转换锚点

（4）使用同样的方法调整其他锚点的属性。

提示　　使用"钢笔工具" 编辑路径时，按下键盘上的Alt键，可切换到"转换锚点工具" ，此时单击平滑锚点，可将平滑锚点转换为不带控制柄的锚点；若单击并拖动平滑锚点一侧的控制柄，可将该锚点转换为尖角锚点；若是单击并拖动已有锚点，该锚点可转换为平滑锚点。

（5）使用"删除锚点工具" 单击锚点，即可将锚点删除，如图3-20所示。

技巧　　使用"钢笔工具" 绘制完成路径后，移动到路径的锚点上，此时鼠标指针的右下方将会出现"－"号，单击可删除锚点，如图3-21所示。

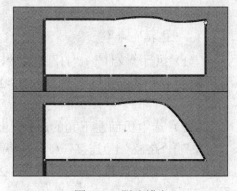

图3-20　删除锚点

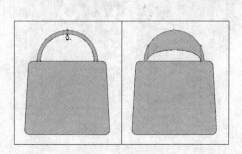

图3-21　删除锚点

（6）使用"直接选择工具" 单击并拖动锚点，调整锚点的位置，如图3-22所示。

（7）使用"直接选择工具" 拖动方向点，可以调整曲线的弧度，如图3-23所示。

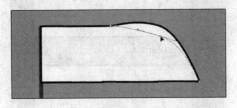

图3-22 调整图形

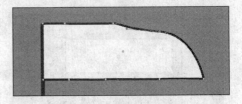

图3-23 调整图形

（8）参照图3-24所示，对图形的其他锚点进行调整。

（9）使用相同的方法，继续绘制曲线图形，参照图3-25所示，为图形添加渐变填充效果，并取消轮廓线的填充色。

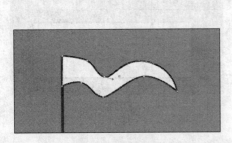

图3-24 调整图形

图3-25 为图形添加渐变填充

在绘制路径的过程中，工作界面中会显示"锚点"属性栏，在"锚点"设置区域内单击"删除所选锚点"按钮 ，可删除所选锚点。

3.3 实例：四叶草（"路径"菜单命令）

除了各种编辑路径的工具外，在"对象" | "路径"菜单中还提供了各种各样的命令，这些命令可以将路径中部分锚点删除，还可以将各种图形分割为网格的状态。

图3-26 完成效果

下面通过实例四叶草的制作，为读者展示"路径"菜单中各个命令的效果。本实例的制作完成效果如图3-26所示。

1. "连接"命令

（1）执行"文件" | "打开"命令，打开"配套素材背景.ai"文件，如图3-27所示。

（2）选中页面左下角的路径，执行"对象" | "路径" | "连接"命令，将开放路径末端的锚点连接在一起，如图3-28所示。

图3-27 素材文件

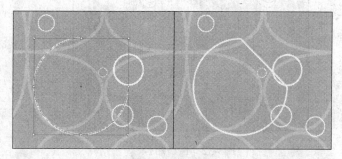

图3-28 连接路径

2. "平均"命令

参照图3-29所示选中页面中的圆形图形，执行"对象"|"路径"|"平均"命令，打开"平均"对话框，如图3-30所示，设置对话框参数，单击"确定"按钮完成设置，将所选图形上的锚点水平垂直对齐。

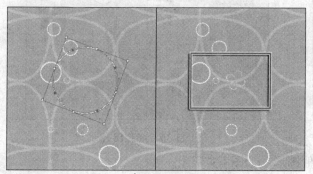

图3-29 平均路径

图3-30 "平均"对话框

下面介绍"平均"对话框中各个选项的含义。

· 水平：被选择的锚点在Y轴方向上均化，最后锚点将被移至同一条水平线上，如图3-31所示效果。

· 垂直：被选择的锚点在X轴方向上均化，最后锚点将被移至同一条垂直线上。

· 两者兼有：被选择的锚点在X轴及Y轴方向上均化，最后锚点将被移至同一个点上。

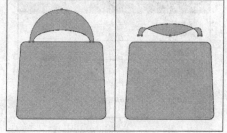

图3-31 水平平均锚点

3. "位移路径"命令

（1）选中页面中的"L"字样图形，执行"对象"|"路径"|"位移路径"命令，打开"位移路径"对话框，设置"位移"参数为5mm，单击"确定"按钮，将选择的图形复制并向外扩大路径，如图3-32和图3-33所示。

（2）参照图3-34所示设置图形颜色为粉色。

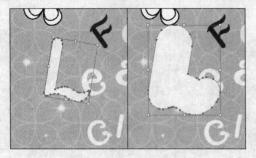

图3-32　位移路径　　　　　　　　　　图3-33　"位移路径"对话框

4."简化"命令

（1）选中页面中相应的图形，执行"对象"|"路径"|"简化"命令，打开"简化"对话框，设置对话框参数，单击"确定"按钮，将路径上的一些锚点删除，如图3-35和图3-36所示。

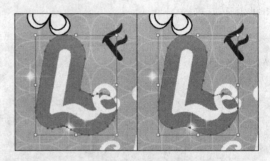

图3-34　为图形设置颜色　　　　　　　图3-35　简化路径

（2）使用相同的方法，继续绘制其他图形，如图3-37所示。

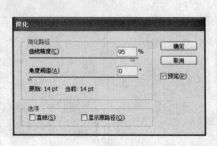

图3-36　"简化"对话框　　　　　　　图3-37　位移及简化路径

下面介绍"简化"对话框中各个选项的含义。

· 曲线精度：用来确定精简后的图形与原图形相近的程度。该选项的数值越大，则精简后图形包含的锚点就越多，与原图的相似程度也就越大。

· 角度阈值：用来确定拐角的平滑程度。如果两个锚点之间所确定的拐角小于该值，路径将不会发生变化，反之将被删除。

· 直线：选择该选项可以使生成的图形忽略所有的曲线，显示为直线。

· 显示原路径：选择该选项可以在操作中使图形以红色显示其所有的锚点，从而产生对比效果。

5. "分割下方对象"命令

（1）参照图3-38所示选中图形，执行"对象"|"路径"|"分割下方对象"命令，分割下方对象。

（2）选中分割后的部分图形，按键盘上Delete键将其删除，如图3-39所示，选取剩下的图形，按快捷键Ctrl+G将图形编组，并取消轮廓线的填充。

图3-38　分割图形

图3-39　删除图形

（3）按住键盘上Alt键拖动图形，释放鼠标左键复制该图形，调整副本图形的大小与位置，使用同样的方法将图形复制多个，得到图3-40所示效果。

6. "轮廓化描边"命令

"轮廓化描边"命令可将路径的外观扩展，也就是将描边效果转换为填充图形。选中图形，执行"对象"|"路径"|"轮廓化描边"命令，即可将图形轮廓化，如图3-41所示。

图3-40　复制图形

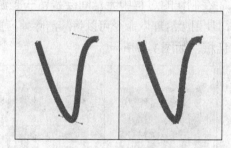

图3-41　轮廓化描边效果

提示　　可以用"轮廓化描边"命令制作圆环，首先绘制一个正圆形，然后执行"轮廓化描边"命令，转换图形为曲线，如图3-42所示为圆环填充渐变后的效果。

7. "添加锚点"命令

"添加锚点"命令将在路径中每两个锚点之间增加一个锚点。应用"添加锚点"命令后的效果如图3-43所示。

8. "移去锚点"命令

"移去锚点"命令将删除选中的一个或多个锚点。应用"移去锚点"命令后的效果如图3-44所示。

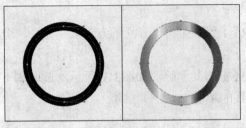

图3-42 使用"轮廓化描边"命令制作圆环

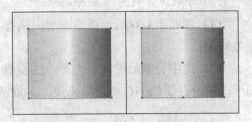

图3-43 添加锚点效果

9. "分割为网格"命令

"分割为网格"命令将选择的图形分割为多个矩形并排列为网格的状态。执行"对象" | "路径" | "分割为网格"命令，打开"分割为网格"对话框，如图3-45所示。应用"分割为网格"命令后的效果如图3-46所示。

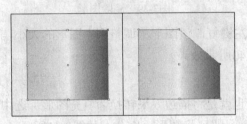

图3-44 移去锚点效果

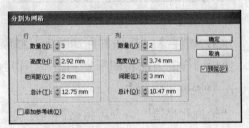

图3-45 "分割为网格"对话框

10. "清理"命令

在制作的过程中无意间会残留一些游离点、无填充或无轮廓的对象、空白无用的文本框等，使用"清理"命令可以将其清除掉，执行"对象" | "路径" | "清理"命令，打开"清理"对话框，如图3-47所示。

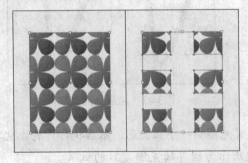

图3-46 分割为网格效果

图3-47 "清理"对话框

3.4 实例：喷溅效果（画笔工具）

"画笔工具" ✎可以绘制多姿多彩的带描边效果的路径。这些描边效果的设置和创建都是在"画笔"调板中完成的，因此"画笔"调板的使用也同样重要。

接下来通过实例喷溅效果的制作，来为读者介绍画笔工具的使用方法和创建、编辑、管理画笔的方法。本实例的制作完成效果如图3-48所示。

1. 预设画笔

（1）执行"文件"|"打开"命令，打开"配套素材\Chapter-03\素材.ai"文件，如图3-49所示。

图3-48　完成效果

图3-49　素材文件

（2）选择"图层 1"，双击工具箱中的"画笔工具"，打开"画笔工具选项"对话框，参照图3-50所示设置参数，单击"确定"按钮完成设置。

下面介绍"画笔工具选项"对话框中各个选项的含义。

· 保真度："保真度"参数决定所绘制的路径偏离鼠标轨迹的程度，数值越小，路径中的锚点数越多，绘制的路径越接近光标在页面中的移动轨迹。相反，数值越大，路径中的锚点数就越少，绘制的路径与光标的移动轨迹差别也就越大。

· 平滑度："平滑度"参数决定所绘制的路径的平滑程度。数值越小，路径越粗糙。数值越大，路径越平滑。

· 填充新画笔描边：选择该选项，绘制的路径填充填充色。若取消该选项的选择，即使设置填充色，绘制的路径也不填充填充色。

· 保持选定：选择该选项，路径绘制完成后仍保持被选择状态。

· 编辑所选路径：选择此选项，可以使用"画笔工具"继续编辑选择的画笔路径。

2. 创建画笔路径

（1）执行"窗口"|"画笔"命令，打开"画笔"调板，如图3-51所示。

（2）选择"画笔工具"，在"画笔"调板中选择"油墨滴 1"画笔样式。然后在页面中单击并拖动鼠标，即可创建画笔效果的路径，如图3-52所示。

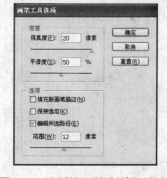

图3-50　"画笔工具选项"对话框

图3-51　"画笔"调板

图3-52　创建画笔路径

3. 自定义画笔

（1）参照图3-53所示选择图形。

（2）单击"新建画笔"按钮，打开"新建画笔"对话框，选择画笔类型为"新建 散点画笔"，如图3-54和图3-55所示。

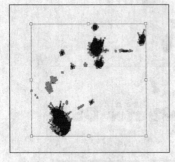

图3-53　选择图形　　　图3-54　单击"新建画笔"按钮　　　图3-55　"新建画笔"对话框

（3）在"新建画笔"对话框中单击"确定"按钮，弹出"散点画笔选项"对话框，如图3-56所示，设置对话框参数，单击"确定"按钮完成设置，创建散点画笔。

（4）单击自定义画笔图标，使用"画笔工具"在页面上单击并拖动鼠标，创建画笔路径，如图3-57所示。

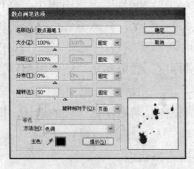

图3-56　"散点画笔选项"对话框　　　　　　图3-57　创建画笔路径

4. 画笔类型

在Illustrator CS4的"画笔"调板中，提供了书法、散点、图案和艺术类型画笔。下面介绍四种类型画笔的含义。

・书法画笔：书法画笔可以沿着路径中心创建出具有书法效果的笔画，如图3-58所示。

・散点画笔：散点画笔可以创建图案沿着路径分布的效果，如图3-59所示。

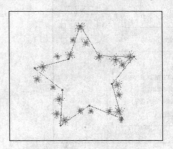

图3-58　书法画笔效果　　　　　　　　　图3-59　散点画笔效果

· 图案画笔：图案画笔可以绘制由图案组成的路径，这种图案沿着路径不断地重复，如图3-60所示。

· 艺术画笔：艺术画笔可以创建一个对象或轮廓线沿着路径方向均匀展开的效果，如图3-61所示。

图3-60 图案画笔效果

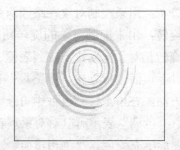
图3-61 艺术画笔效果

5. 设置画笔选项

在应用"画笔工具"绘制路径的过程中，如果在默认的参数状态下不能得到满意的效果，可以在"画笔选项"对话框中重新设置各个参数，从而绘制出更理想的画笔效果。在需要设置的画笔图标上双击鼠标，即可打开该画笔的"画笔选项"对话框。

对"画笔选项"对话框中的各项参数进行设置以后，单击"确定"按钮，系统将弹出如图3-62所示的对话框。如果想在当前的工作页面中将已使用过此类型画笔的路径更改为调整以后的效果，单击"应用于描边"按钮。如果只是想将更改应用到以后所绘制的路径中，则单击"保留描边"按钮。

在需要设置的书法画笔图标上双击鼠标，即可弹出该画笔的"书法画笔选项"对话框，如图3-63所示。

图3-62 "画笔更改警告"对话框

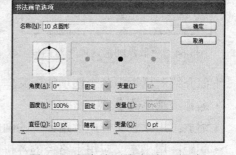
图3-63 "书法画笔选项"对话框

下面介绍对话框中各个选项的含义。

· 名称：画笔的名称。

· 角度：用来设置画笔笔尖与画布的接触角度。

· 圆度：用来设置画笔的圆滑程度。

· 直径：用来设置画笔的直径大小。

在需要设置的散点画笔图标上双击鼠标，即可弹出该画笔的"散点画笔选项"对话框，如图3-64所示。

下面介绍对话框中各个选项的含义。

· 名称：画笔的名称。

· 大小：用来控制呈点状分布在路径上的对象的大小。

· 间距：用来控制在路径两旁的对象之间的距离。

· 分布：用来控制对象在路径两旁与路径的远近程度。数值越大，对象距离路径越远。

· 旋转：用来控制对象的旋转角度。

· 旋转相对于：从该下拉列表框中可以选择分布在路径上的对象的旋转方向。"页面"是指相对于页面进行旋转。"路径"是指相对于路径进行旋转。

· 方法：在该下拉列表框中可以设置路径中对象的着色方式。"无"表示保持图形原有的颜色。"色调"表示可以对对象重新上色。"淡色和暗色"表示系统以不同浓淡的画笔色彩来为图形填充颜色。"色相转换"表示系统将以关键色显示，可以用下面的"主色"色块设置关键色。

在需要设置的图案画笔图标上双击鼠标，即可弹出该画笔的"图案画笔选项"对话框，如图3-65所示。

图3-64　"散点画笔选项"对话框

图3-65　"图案画笔选项"对话框

下面介绍对话框中各个选项的含义。

· 名称：画笔的名称。

· 缩放：用来定义应用于路径上的画笔对象的缩放值。

· 间距：用来定义应用于路径的各拼贴之间的间隔值。

· 翻转：改变画笔路径中对象的方向。

· 适合：确定图案适合路径的方式。"伸展以适合"表示加长或缩减拼贴图案来适应对象，该选项会出现不均匀的拼贴。"添加间距以适合"表示添加图案之间的间距，使图案适合路径。"近似路径"表示在不改变拼贴的情况下，将拼贴图案装配到最接近路径。

· 着色：设置路径中对象的着色方式。

在需要设置的艺术画笔图标上双击鼠标，即可弹出该画笔的"艺术画笔选项"对话框，如图3-66所示。

下面介绍对话框中各个选项的含义。

- 名称：画笔的名称。
- 宽度：画笔的宽度。
- 方向：决定画笔的终点方向，包括4种方向。
- 翻转：改变画笔路径中对象的方向。
- 着色：决定路径中对象的着色方式。

6. 画笔的管理

（1）单击"画笔"调板底部的"画笔库菜单"按钮 ，在弹出的菜单中选择"艺术效果"|"艺术效果_油墨"命令，打开"艺术效果_油墨"调板，如图3-67所示。

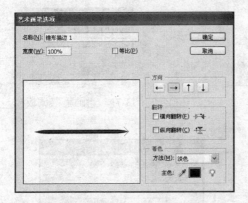

图3-66 "艺术画笔选项"对话框

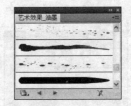

图3-67 "艺术效果_油墨"调板

（2）单击"艺术效果_油墨"调板中的"银河"画笔图标，选择画笔。使用"画笔工具" 在页面中创建画笔路径，如图3-68所示。

（3）使用相同的方法，继续绘制其他图形，如图3-69所示。

图3-68 创建画笔路径

图3-69 继续创建画笔路径

（4）参照图3-70所示为画笔路径设置描边颜色。

拖动"油墨弹"画笔图标到"画笔"底部的"新建画笔"按钮 ，释放鼠标后，将该画笔复制，如图3-71和图3-72所示。

单击"画笔"调板底部的"删除画笔" 按钮，弹出删除画笔提示框，单击"是"按钮，将该画笔删除，如图3-73和图3-74所示。

单击"画笔"调板底部的"删除画笔"按钮 ，删除正在应用的画笔时，弹出"删除画笔警告"对话框，如图3-75所示。"扩展描边"会在保持路径的画笔效果不变的情况下，将画笔删除。"删除描边"会将画笔以及路径中应用的该画笔效果一并删除。

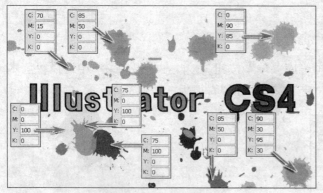

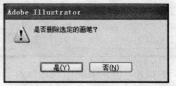

图3-70　设置颜色　　　　　　　　　　　　　图3-71　"画笔"调板

图3-72　复制画笔　　　　　　　　　　　　图3-73　删除画笔提示框

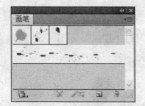

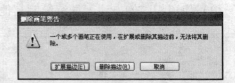

图3-74　"画笔"调板　　　　　　　　　　图3-75　"删除画笔警告"对话框

3.5　实例：日落（置入图像和实时描摹）

在Illustrator CS4中，除了可以创建出精致、美观的矢量图形外，还可以置入位图并进行编辑，一样可以制作出矢量图形的效果，而且可以省去不少工序，这就是本软件中一个特别实用的功能——实时描摹。下面将通过制作完成图3-76所示的图像来向读者具体讲述。

1. 置入图像

（1）执行"文件"|"打开"命令，打开"配套素材\Chapter-03\卡通背景.ai"文件，如图3-77所示。

（2）执行"文件"|"置入"命令，打开"置入"对话框，选择"配套素材\Chapter-03\日落.jpg"文件，然后单击"置入"按钮，关闭对话框，将文件导入文档中，并调整图像的大小与位置，如图3-78所示。

图3-76 完成效果

图3-77 素材文件

2. 实时黑白描摹

（1）保持图像的选择状态，执行"对象"｜"实时描摹"｜"建立"命令，将位图图像转换为描摹对象，如图3-79所示。

图3-78 置入文件

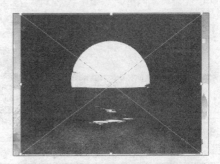

图3-79 将位图图像转换为描摹对象

（2）执行"对象"｜"实时描摹"｜"描摹选项"命令，打开"描摹选项"对话框。设置"阈值"选项，该选项用于设置从原始图像生成黑白描摹结果的值，所有比阈值亮的像素转换为白色，而所有比阈值暗的像素转换为黑色，如图3-80和图3-81所示。

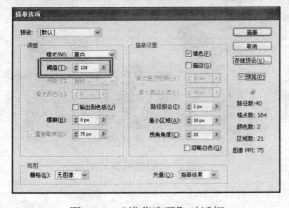

图3-80 "描摹选项"对话框

图3-81 调整描摹的图形

（3）设置"模糊"选项，调整描摹图形细微的不自然感并平滑锯齿边缘，如图3-82和图3-83所示。

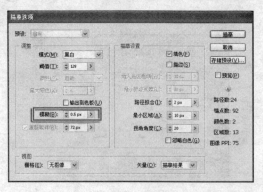

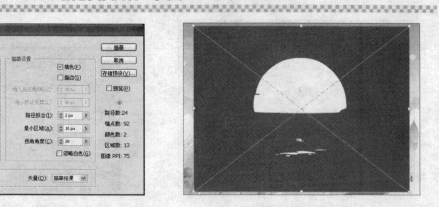

图3-82 "描摹选项"对话框　　　　　图3-83 调整描摹的图形

（4）设置"最小区域"选项，设置图像和模拟图形最小的差异，如图3-84和图3-85所示。

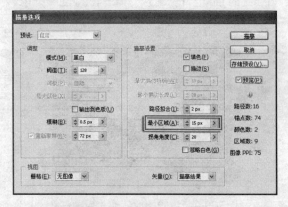

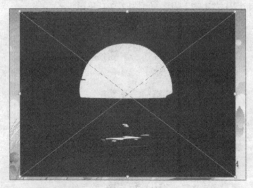

图3-84 "描摹选项"对话框　　　　　图3-85 调整描摹的图形

（5）设置"拐角角度"选项，设置描摹图形拐角处的圆滑程度，如图3-86和图3-87所示。

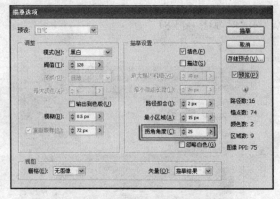

图3-86 "描摹选项"对话框　　　　　图3-87 调整描摹的图形

下面对"描摹选项"对话框中各个选项的含义进行介绍。

· 预设：在该选项中保存有多个系统提供的描摹设置，单击下拉按钮，在弹出的下拉列表中可以选择相关的设置。

· 模式：在该选项中提供了3个模式，彩色、灰色和黑白。

· 调板：指定用于从原始图像生成颜色或灰度描摹的调板。

• 最大颜色：设置在颜色或灰度描摹结果中使用的最大颜色数。颜色数越多，描摹的图形颜色越多。

• 输出到色板：将描摹结果中的每种颜色保存到"色板"调板中。

• 重新取样：生成描摹结果前对原始图像重新取样至指定分辨率。

• 填色：在描摹结果中创建填充区域。

• 描边：在描摹结果中创建描边路径。

• 最大描边粗细：指定原始图像中可描边的特征最大宽度。大于最大宽度的特征在描摹结果中成为轮廓区域。

• 最小描边长度：指定原始图像中可描边的特征最小长度。小于最小长度的特征将从描摹结果中忽略。

• 忽略白色：将不显示模拟图形中的白色。

（6）保持图形的选择状态，执行"对象"|"实时描摹"|"扩展"命令，将其转换为描摹的图形，如图3-88所示。

（7）使用"直接选择工具" 选择页面中部分图形，按下键盘上Delete键删除，得到图3-89所示效果。

图3-88　扩展图形效果

图3-89　删除部分图形

（8）参照图3-90所示，在"图层"调板中调整图形的颜色、位置和图层顺序，如图3-91所示效果。

图3-90　"图层"调板

图3-91　设置图形颜色

（9）保持图形的选择状态，执行"效果"|"风格化"|"外发光"命令，打开"外发光"对话框，参照图3-92所示，设置对话框参数，单击"确定"按钮完成设置，为图形添加外发光效果，如图3-93所示。

图3-92　"外发光"对话框

图3-93　应用外发光效果

3. 实时彩色描摹

（1）执行"文件"|"置入"命令，打开"置入"对话框，将"花.png"文件导入文档中，如图3-94所示。

（2）选择素材图像，单击属性栏中的"实时描摹"按钮 实时描摹 ，将位图图像转换为描摹对象，如图3-95所示。

图3-94　置入文件

图3-95　实时描摹图像

（3）保持图形的选择状态，单击属性栏中的"描摹选项对话框"按钮，打开"描摹选项"对话框，参照图3-96所示，设置对话框参数，单击"描摹"按钮，关闭对话框，得到图3-97所示效果。

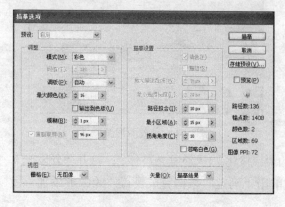

图3-96　"描摹选项"对话框

图3-97　应用参数效果

（4）执行"对象"|"实时描摹"|"扩展"命令，将其转换为描摹的图形，如图3-98所示。

（5）使用"直接选择工具" ▶ 选择页面中部分图形，按下键盘上Delete键删除，得到图3-99所示效果。

图3-98 应用扩展效果

图3-99 删除图形

（6）选择页面中的花朵图形，执行"编辑"|"编辑颜色"|"调整色彩平衡"命令，打开"调整颜色"对话框，设置对话框参数，单击"确定"按钮完成设置，并调整图形颜色，如图3-100和图3-101所示。

图3-100 "调整颜色"对话框

图3-101 调整图形颜色

（7）参照图3-102所示，复制花朵图形，并调整图形大小与位置。

图3-102 复制图形并调整大小与位置

课后练习

1. 绘制插画图形，效果如图3-103所示。

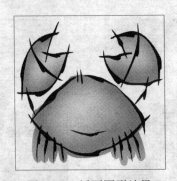

图3-103   插画图形效果

要求：

（1）绘制画笔路径。

（2）创建新画笔。

（3）编辑画笔。

2. 绘制涂鸦效果，如图3-104所示。

图3-104   涂鸦效果

要求：

（1）绘制路径。

（2）对路径进行编辑。

（3）简化路径。

第4课

对象的操作

本课知识结构

在Illustrator CS4中，对象的操作主要包括对象的选取、移动、旋转、缩放、分布等，是多种多样的。在进行创作设计的过程中，掌握这些操作非常必要。在工具箱中为用户配备了许多相关工具，例如用于选取对象的选择工具、直接选择工具、编组选择工具等；用于变换对象的旋转工具、比例缩放工具、自由变换工具等。此外，用户还可以通过相关的对话框和调板来实现对象操作。在本课中，将为读者详细介绍Illustrator CS4对象操作方面的知识和技巧。

就业达标要求

- ★ 选取对象
- ★ 移动对象
- ★ 缩放对象
- ★ 倾斜对象
- ★ 对齐对象

- ★ 群组多个对象
- ★ 排列对象的顺序
- ★ 隐藏和显示对象
- ★ 锁定对象
- ★ 分布对象

4.1 实例：时尚插画（对象的选取）

在对图形进行编辑时，首先要将对象选取。对图形进行选取的工具有"选择工具" 、"直接选择工具" 、"编组选择工具" 、"魔棒工具" 和"套索工具" ，这些工具可以选取图形、锚点、线段和已经群组的对象。除了这些工具外，还可以使用"选择"菜单来对图形进行选取。

下面将以时尚插画为例，详细介绍这些工具和命令的使用方法。制作完成的卡通插画效果如图4-1所示。

1. 使用"选择工具"选择对象

（1）在Illustrator CS4中，执行"文件" |"打开"命令，打开"配套素材\Chapter-04\素材01.ai"文件，如图4-2所示。

（2）选择"选择工具" ，单击需要选择的图形，将图形选中，如图4-3所示。

图4-1　完成效果

图4-2　素材文件

将图形群组后，也可以单独选中其中的某一个对象，按下键盘上Ctrl键的同时，单击群组中的一个对象，即可在群组对象中选中该对象，也可以使用"编组选择工具" 进行选取。

（3）继续使用"选择工具" 单击并拖动图形，调整图形的位置，如图4-4所示。

图4-3　使用"选择工具"选择图形　　　　　图4-4　调整图形位置

使用"选择工具" 时按下Shift键，分别在需要选取的图形上单击鼠标，可以连续选择多个对象。也可以在页面中拖动出一个虚线框，虚线框覆盖到的所有对象将被全部选中，如图4-5所示。

图4-5　选取多个对象

（4）使用"选择工具" 选取图形，被选择的图形出现定界框，定界框上包括8个控制柄，按下键盘上的Shift键，并拖动控制柄可以等比例调整图形的大小，如图4-6所示。

（5）使用"选择工具" 选择相应图形，按下键盘上Alt键，这时鼠标变为 ，单击并拖动选中的图形，可将图形复制，如图4-7所示。

图4-6 调整图形大小

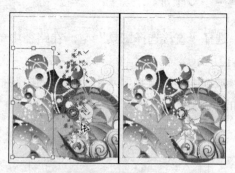
图4-7 复制图形

2. 使用"直接选择工具"选择对象

（1）使用"直接选择工具" 在相应的锚点上单击，将其选中。单击属性栏中的"删除所选锚点" 按钮删除选择的锚点，如图4-8所示。

（2）继续使用"直接选择工具" 配合Shift键选择多个锚点，如图4-9所示。

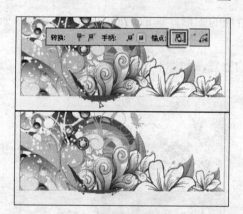
图4-8 删除锚点

图4-9 选择多个锚点

提示 使用"直接选择工具" 在对象上拖动出一个虚线框也可以选取多个锚点，如图4-10所示。

（3）单击属性栏中的"将所选锚点转换为尖角"按钮 ，转换锚点属性，如图4-11所示。

图4-10 选取多个锚点

图4-11 转换锚点属性

单击"将所选锚点转换为平滑"按钮█，可以将选择的锚点转换为平滑锚点，使图形平滑。

选择"直接选择工具"▶，在路径中单击某一个锚点并拖动，可以移动锚点的位置，如图4-12所示。

被选中的锚点将显示出该锚点的控制柄，单击并拖动控制柄，可以对曲线进行调整，效果如图4-13所示。

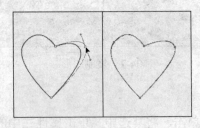

图4-12　移动锚点位置

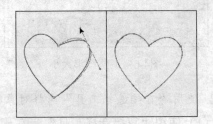

图4-13　调整图形

3. 使用"魔棒工具"选择对象

（1）选择"魔棒工具"▶，在页面中单击白色的图形，选取页面中白色的图形，如图4-14所示。

（2）使用"选择工具"▶调整被选取图形的位置，如图4-15所示。

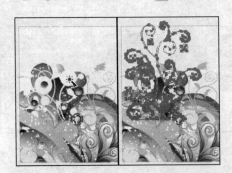

图4-14　使用"魔棒工具"选择图形

图4-15　调整图形位置

双击工具箱中的"魔棒工具"，打开"魔棒"调板，如图4-16所示。

• 填充颜色：该选项为勾选状态时，选取相似填充颜色的对象。"容差"选项设置选取的图形填充颜色相似点差异。

图4-16　"魔棒"调板

• 描边颜色：选取填充相似描边颜色的对象。"容差"选项设置选取的图形描边颜色相似点差异。

• 描边粗细：选取填充相同描边粗细的对象。"容差"选项设置被选取的图形描边的粗细。

• 不透明度：选取相同透明度的对象。"容差"选项设置被选取的图形透明度。

· 混合模式：选取相同混合模式的对象。

4. 使用"选择"菜单命令选择对象

（1）参照图4-17所示将相应的图形选中，执行"选择"|"下方的下一个对象"命令，选取该图形下方图层的对象。

（2）参照图4-18所示调整该图形的位置。

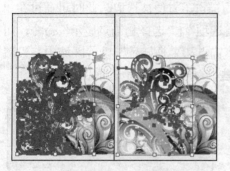

图4-17　选择图形

图4-18　调整图形位置

（3）使用"选择工具" 选取页面中的矩形。执行"选择"|"反向"命令，将除矩形以外的图形选中，如图4-19所示。

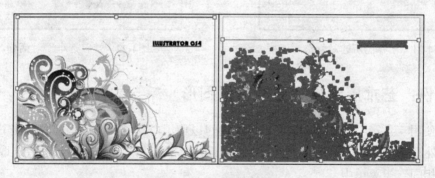

图4-19　反向选择图形

（4）将选择的图形移动到页面上，效果如图4-20所示。

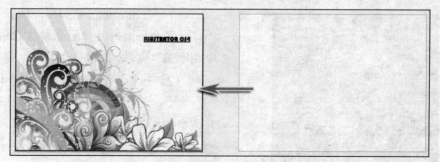

图4-20　调整图形

下面介绍"选择"菜单中其他命令的含义。

· 全部：该命令可以将页面中所有的图形同时选中。

· 取消选择：执行该命令可以取消页面中所有图形的选取状态。

· 重新选择：重复上一次的选取操作。

· 对象：如果需要选择某一特定的对象，可以执行该命令下的子命令。在执行这些命令前，取消所有选取的对象。

· 存储所选对象：该命令可以保存选取的对象。执行命令后，可打开"存储所选对象"对话框，在对话框中可以设置对象的名称，如图4-21所示。

· 编辑所选对象：可以对已经选取的对象进行编辑。

很多初学者都会遇到一个问题，就是路径上的锚点不方便被选取，此时可通过在"首选项"对话框中进行设置来改变。执行"编辑"|"首选项"|"选择和锚点显示"命令，可打开"首选项"对话框，如图4-22所示。在对话框的"锚点和手柄显示"设置区域中，设置锚点显示模式为大，或者将"容差"范围设置得大一些，就可以方便地选取锚点了。

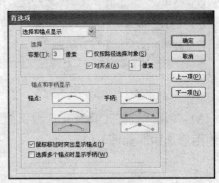

图4-21　"存储所选对象"对话框　　　　　图4-22　"首选项"对话框

4.2　实例：艺术展海报（选择相似图形）

除了使用工具箱中的工具选取图形外，还可以使用命令对图形进行选取。使用命令，可以对相同外观、相同描边、相同填色、相同透明度等具有相同属性的图形进行选取。这些命令都在"相同"子菜单中。

接下来通过艺术展海报实例的制作，来完成对各种相似图形进行选取的操作。本实例的制作完成效果如图4-23所示。

（1）在Illustrator CS4中，执行"文件"|"打开"命令，打开"配套素材\Chapter-04\抽象图案.ai"文件，如图4-24所示。

（2）执行"选择"|"相同"|"描边粗细"命令，选取页面中相同描边粗细的图形，并调整图形的位置，如图4-25所示。

图4-23　完成效果

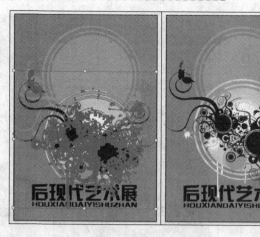

图4-24 素材文件 　　　　　　　　　　　图4-25 移动图形

 执行"选择"|"相同"|"描边颜色"命令，可以选取页面中相同描边颜色的图形，如图4-26所示。

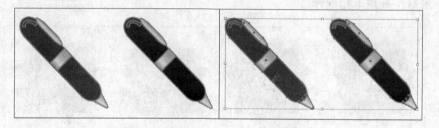

图4-26 选择相同描边颜色的图形

（3）参照图4-27所示，选中页面中相应图形。

（4）执行"选择"|"相同"|"外观"命令，选取页面中相同外观的图形，并调整图形位置，如图4-28所示。

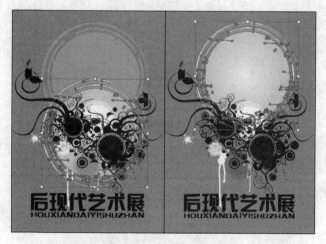

图4-27 选择图形 　　　　　　　　图4-28 选择外观相同的图形

（5）选择图形，执行"选择"|"相同"|"填充颜色"命令，选取页面中填充颜色相同的图形，如图4-29所示。

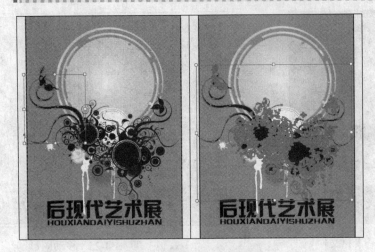

图4-29　选择颜色相同的图形

执行"选择"|"相同"|"填色和描边"命令，可以选取页面中相同填色和描边的图形，如图4-30所示。

图4-30　选择相同填色和描边的图形

（6）保持图形的选择状态，参照图4-31所示，在"渐变"调板中为图形添加渐变填充效果，如图4-32所示。

图4-31　"渐变"调板

图4-32　设置图形颜色

（7）选中页面中相应的图形，如图4-33所示。

（8）执行"选择"|"相同"|"不透明度"命令，选中页面中相同透明度的图形，并调整图形的位置，如图4-34所示。

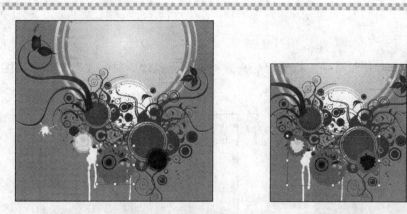

图4-33 选择图形

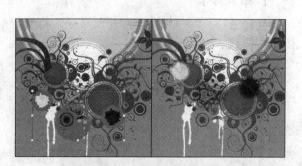

图4-34 选择透明度相同的图形

在"相同"子菜单中，还包括其他一些用于选择相同属性图形对象的命令，例如"外观属性"、"混合模式"、"图形样式"、"符号实例"、"链接块系列"等，如图4-35所示。

读者可以发现，在菜单中有一些命令呈灰色显示，这是因为当前图形对象中没有使用到对应的属性，文件中出现应用对应属性的对象后，命令就会被激活，在此以"图形样式"命令为例，如图4-36和图4-37所示。

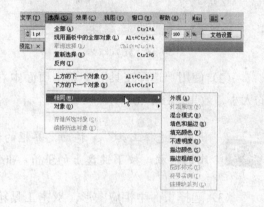

图4-35 "相同"子菜单

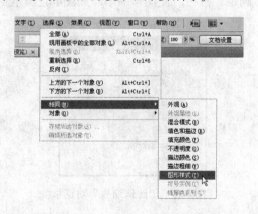

图4-36 执行命令

图4-37 选择结果

4.3 实例：花蕊插画（对象的变换）

变换操作主要包括：旋转、缩放、镜像、倾斜等。这些操作可以通过使用工具箱中的"旋转工具" 、"镜像工具" 、"比例缩放工具" 、"倾斜工具" 等来实现。使用这些工具时，可以通过在打开的相应对话框中设置参数对图形进行调整，也可以通过直接拖动对象的控制柄进行调整。当然，这些操作也可以通过菜单命令来实现。

下面将以花蕊插画为例，介绍这些工具和命令的使用方法。该实例的制作完成效果如图

4-38所示。

1. 缩放对象

（1）执行"文件"|"打开"命令，打开"配套素材\Chapter-04\素材02.ai"文件，如图4-39所示。

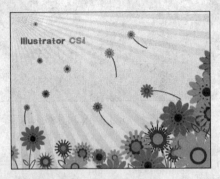
图4-38　完成效果

图4-39　素材文件

（2）使用"选择工具" ▶ 单击页面中右下角的花蕊图形，单击并拖动定界框调整图形的大小，效果如图4-40所示。

 使用"选择工具" ▶ 拖动定界框的控制手柄时，按下键盘上的Shift键，对象将会成比例缩放；按下键盘上的Shift+Alt键，对象将会成比例地从对象中心缩放。

（3）选择页面中相应图形，双击工具箱中的"比例缩放工具" ▣，打开"比例缩放"对话框，参照图4-41所示设置对话框参数，单击"确定"按钮，使图形缩小，如图4-42所示。也可以通过拖动控制柄的方式缩放图形。

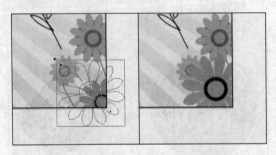
图4-40　缩放图形

图4-41　"比例缩放"对话框

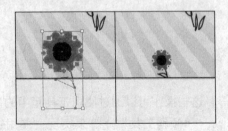
图4-42　使用"比例缩放"对
话框缩放图形

执行"对象"|"变换"|"缩放"命令，也可打开"比例缩放"对话框。接下来介绍该对话框中各个选项的含义。

· 等比：在"比例缩放"文本框中输入等比缩放对象的大小。

· 不等比：在文本框中输入参数，设置对象水平和垂直方向的缩放比例。

- 比例缩放描边和效果：勾选该选项，轮廓线宽度随对象大小比例改变而进行缩放。
- 复制：单击该按钮可以复制对象并对其进行缩放。
- 预览：预览缩放效果。

2. 移动对象

（1）使用"选择工具"单击并拖动花图形，调整图形位置，如图4-43所示。

（2）参照图4-44所示选择页面中花图形，双击工具箱中的"选择工具"，打开"移动"对话框，设置对话框参数，如图4-45所示，单击"确定"按钮调整图形的位置。

图4-43　移动图形

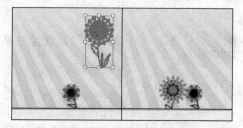

图4-44　使用"移动"对话框精确移动图形

"移动"对话框中各个选项的含义如下。

- 水平：在文本框中输入对象在水平方向上移动的数值。
- 垂直：在文本框中输入对象在垂直方向上移动的数值。
- 距离：在文本框中输入对象移动的数值。
- 角度：在文本框中输入对象移动的角度。
- 选项：当选择的图形为图案填充时，该选项可以使用。选择"图案"，只调整图案的位置；选择"对象"，只调整图形的位置。
- 复制：单击该按钮可以在移动对象时进行复制。
- 预览：预览移动效果。

3. 镜像对象

（1）使用"选择工具"将需要镜像的图形选中，选择"镜像工具"，在页面中单击，确定图形镜像的中心点，如图4-46所示。

图4-45　"移动"对话框

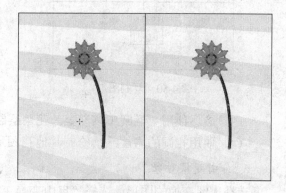

图4-46　设置中心点

（2）单击并拖动图形，镜像图形并调整图形的角度，效果如图4-47所示。

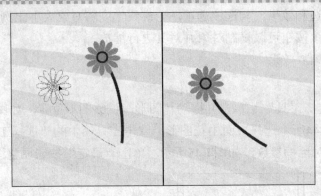

图4-47 镜像图形

 使用"镜像工具" 镜像对象的过程中，按住键盘上的Alt键可复制镜像对象。

4. 倾斜对象

将页面中需要倾斜的图形选中，如图4-48所示，执行"对象" | "变换" | "倾斜"命令，打开"倾斜"对话框，设置倾斜角度为20°，如图4-49所示。

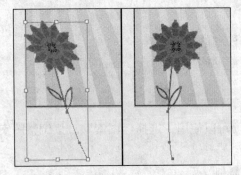

图4-48 使用"倾斜"对话框精确倾斜对象

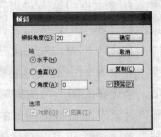

图4-49 "倾斜"对话框

5. 再次变换对象

（1）参照图4-50所示绘制花瓣图形，选择"旋转工具" ，在页面中单击确定旋转中心，按住键盘上的Alt键单击并拖动图形，释放鼠标左键复制该图形。

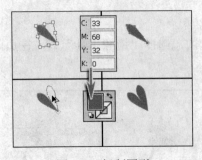

图4-50 复制图形

（2）按快捷键Ctrl+D，执行再次变换对象操作，创建出12个花瓣的花朵图形，效果如图4-51所示。

（3）最后使用"椭圆工具" 为花朵绘制花蕊图形，效果如图4-52所示。

（4）使用相同的方法继续绘制其他花图形，并绘制花的茎和叶，如图4-53所示。

6. 自由变换对象

选择需要变换的图形，选择"自由变换工具" ，当鼠标移动到控制手柄时变为 ，如图4-54所示，单击并拖动以旋转图形，释放鼠标左键完成对图形的调整。

图4-51　再次变换对象

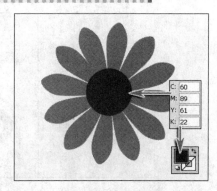

图4-52　绘制图形

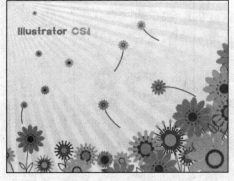

图4-53　绘制图形

图4-54　使用"自由变换工具"调整图形

 提示　　"自由变换工具" 📧 可以调整图形的大小、旋转图形，按下Ctrl键可以移动图形。

利用工具箱中的"自由变换工具" 📧 可以对图形进行多种变换操作，如果再配合使用键盘上的快捷键，则可以对图形进行任意、斜切、透视变形调整。

· 任意变形调整：首先选取对象，然后使用"自由变换工具" 📧 在对象的任意一个控制点上单击并拖动，过程中按下Ctrl键，可以对图形进行任意变形调整，如图4-55所示。

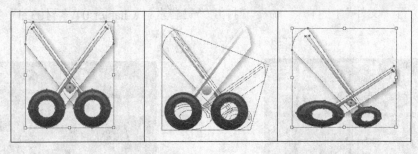

图4-55　对图形进行任意变形调整

· 斜切变形调整：拖动控制点时，按住Ctrl+Alt快捷键可以对图形进行两边对称的斜切变形调整，如图4-56所示。

· 透视变形调整：拖动控制点时，按住Ctrl+Alt+Shift快捷键可以进行透视变形调整，如图4-57所示。

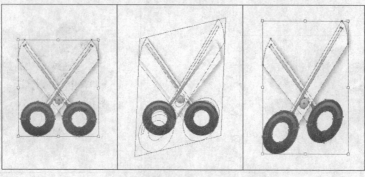

图4-56　对图形进行斜切变形调整

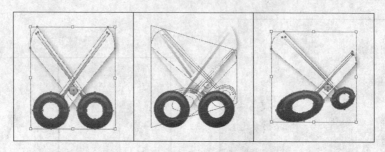

图4-57　调整图形的透视角度

4.4　实例：版画效果（对齐和分布对象）

使用"对齐"调板中的对齐和分布功能，可以准确无误地对齐图形或者使图形之间的距离相等。除此之外，当使用"选择工具" 选择多个图形时，在该工具的属性栏中同样会出现对齐和分布按钮。

下面通过版画效果的制作，来讲述"对齐"调版中各按钮的使用方法。制作完成的版画效果如图4-58所示。

1. 对齐对象

（1）执行"文件" I "打开"命令，打开"配套素材\Chapter-04\素材03.ai"文件，如图4-59所示。

图4-58　完成效果

图4-59　素材文件

（2）执行"窗口"|"对齐"命令，打开"对齐"调板，如图4-60所示。

（3）将"图层1"中的所有图形选中，依次单击"对齐"调板中的"水平居中对齐"按钮 ▲ 和"垂直居中对齐"按钮 ▦，使所选图形水平和垂直居中对齐，如图4-61所示。

图4-60　"对齐"调板

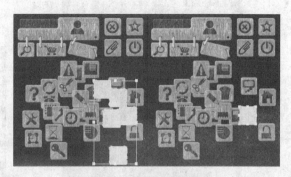

图4-61　调整图形居中对齐

（4）使用同样的方法，依次调整"图层2"、"图层3"、"图层4"、"图层5"、"图层6"中的图形，然后依次调整各个图层中图形的位置，如图4-62所示。

（5）选取页面中的所有图形，单击"对齐"调板中的"垂直顶对齐"按钮 ▦，使图形顶部对齐，如图4-63所示。

图4-62　调整图形

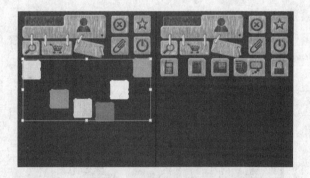

图4-63　调整图形垂直顶对齐

（6）将"图层1"中最顶层的图形选中，移动到页面底部，如图4-64所示。

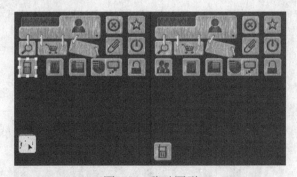

图4-64　移动图形

（7）选中"图层1"中的所有图形，单击"对齐"调板中的"水平左对齐"按钮 ▦，使图形左对齐，如图4-65所示。

（8）参照图4-66所示将每个图层中最顶层的图形选中，单击"对齐"调板中的"垂直底对齐"按钮 ，使图形底对齐。

图4-65　调整图形左对齐

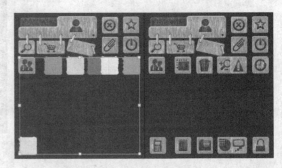

图4-66　调整图形底对齐

2. 对象分布

（1）选取"图层 1"中的所有图形，单击"对齐"调板中的"垂直居中分布"按钮 ，将图形垂直平均分布，如图4-67所示。执行"对象"|"编组"命令，将选中的图形编组。

（2）使用相同的方法将其他图层中的图形垂直居中分布并对图形进行编组，如图4-68所示。

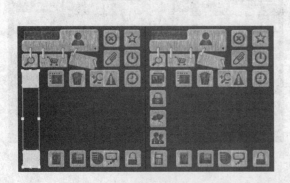

图4-67　调整图形垂直居中分布

图4-68　调整图形

（3）最后选中页面中所有的图形，单击"对齐"调板中的"水平居中分布" 按钮，将图形水平居中分布，如图4-69所示。

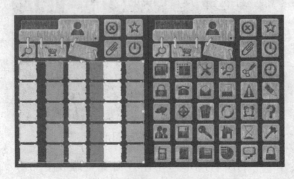

图4-69　调整图形水平居中分布

4.5 实例：宣传海报（对象的排序、显示、群组及锁定）

在Illustrator中进行设计创作时通常会创建多个图形，而这些图形有前后的层次顺序之分，执行"排序"命令下的子命令可以调整图形的顺序。如果暂时不需要某些图形，可以在"图层"调板中将其隐藏。在"图层"调板中还可以将图形锁定，使图形无法编辑。如需多次编辑多个图形，可以执行"编组"命令，将图形组合为一组。

接下来通过制作宣传海报，详细介绍对象的排序、显示、群组以及锁定的方法。制作完成的宣传海报效果如图4-70所示。

1. 对象的排序

（1）执行"文件"|"打开"命令，打开"配套素材\Chapter-04\素材04.ai"文件，如图4-71所示。

图4-70　完成效果　　　　　　　　　　　图4-71　素材文件

（2）选取背景图形，执行"对象"|"排列"|"置于底层"命令，将图形移动到图层的最底部，如图4-72所示。

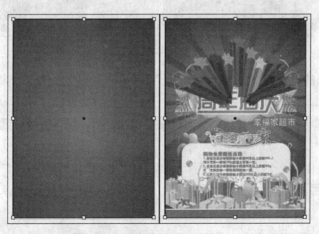

图4-72　将图形移至图层最底部

（3）选取页面中"庆祝周年店庆"字样图形，执行"对象"|"排列"|"前移一层"命令，将图形向上移动一个图层，如图4-73所示。

图4-73　将图形前移一层

2. 设置群组与取消群组

（1）参照图4-74所示将相应的图形选中，执行"对象"|"编组"命令，将选中的图形组成一组。

图4-74　将图形编组

（2）保持图形的选择状态，执行"对象"|"前移一层"命令，将图形向上移动一个图层，如图4-75所示。

（3）确定图形为选择状态，执行"对象"|"取消编组"命令，取消图形群组，如图4-76所示。

（4）选取页面中的汽球图形，执行"对象"|"排列"|"前移一层"命令，将选中的图形向上移动一个图层，效果如图4-77所示。

3. 对象的锁定与解锁

执行"窗口"|"图层"命令，打开"图层"调板，如图4-78所示。在"眼睛"图标右侧的"切换锁定"处可以将图形锁定，防止误编辑图形。

图4-75　将图形前移一层

图4-76　取消图形群组

图4-77　将图形前移一层

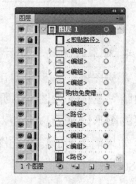

图4-78　"图层"调板

在"图层"调板的"眼睛"图标右侧单击，这时显示一个"小锁"图标🔒，表示该图形被锁定，如图4-79所示。图形被锁定后，将无法对图形进行选择或其他任何的编辑操作，这样可以方便其他图形的编辑或选择，如图4-80所示。

图4-79　将背景图形锁定　　　　　　　　图4-80　无法选中锁定图形

再次在"眼睛"图标右侧单击，则可取消图形的锁定状态，如图4-81所示。这时在页面中该图形就可以继续进行编辑了，如图4-82所示。

图4-81　将背景图形解锁　　　　　　　　图4-82　选中背景图形

4. 对象的隐藏与显示

在"图层"调板中单击"眼睛"图标👁可以隐藏或显示图形。单击"图层"调板中的👁"眼睛"图标，如图4-83所示，观察页面可以发现该图形不再显示，效果如图4-84所示。将上层的图形隐藏可以方便对下面图形进行观察和编辑。

如果需要显示隐藏的图形，再次单击"图层"调板中的"眼睛"图标即可，如图4-85和图4-86所示。

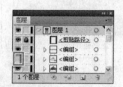

图4-83　将图形隐藏

图4-84　隐藏的图形不再显示

图4-85　将图形显示

图4-86　显示图形

4.6　隔离模式

隔离模式提供了一种便捷的编辑环境，当要编辑的对象位于较为复杂的图形中时，可使用隔离模式，单独编辑选定的对象或图层，而不会选中或误编辑其他内容。

1. 进入隔离模式

使用"选择工具" ，双击对象，或是选中对象所在的图层，单击"图层"调板右上角的按钮 ，在弹出的菜单中选择"进入隔离模式"命令，即可将对象隔离，如图4-87和图4-88所示。

图4-87　"图层"调板菜单

图4-88　隔离礼品盒图形对象

2. 退出隔离模式

双击视图的空白处、单击隔离环境下文件标题栏左侧的箭头，或是在"图层"调板的弹出菜单中选择"退出隔离模式"命令，即可返回隔离前的状态。

课后练习

1. 设计制作时尚插画，效果如图4-89所示。

要求：

（1）移动对象。

（2）群组对象。

（3）选择对象。

（4）旋转对象。

2. 设计制作徽标，效果如图4-90所示。

要求：

（1）对象的图层顺序的调整。

（2）对象的隐藏与显示。

（3）对象的锁定与解锁。

图4-89　时尚插画

图4-90　徽标设计

第5课

颜色填充与描边编辑

本课知识结构

图形由颜色和描边构成，优美细致的轮廓是作品体现的基础，而颜色是整幅作品的灵魂，通过颜色可以赋予图形更为绚丽的姿态，这一点在**Illustrator CS4**中显得犹为重要，因为在本软件中，为对象填充颜色与描边是一项非常重要的工作。用户可利用系统提供的命令和工具来完成对象颜色填充与描边的编辑，还可以在相应的调板中进行参数的设置。本课将通过丰富的实例向读者介绍在**Illustrator CS4**中如何进行对象颜色填充与描边的编辑。

就业达标要求

★ 使用拾色器　　　　　　　★ 为对象填充渐变色

★ 为图形填充颜色　　　　　★ 为对象填充图案

★ 为图形填充描边颜色　　　★ 设置图形描边属性

5.1　实例：小小闹钟（颜色填充）

在学习各种各样的设置颜色方法之前，首先需要学习为图形填充颜色和描边的方法。在**Illustrator CS4**中为图形填充颜色的方法很多，可以在工具箱中、"色板"调板中、"颜色"调板中为图形填充颜色和设置图形的描边颜色。

在本节中通过实例小小闹钟的制作，详细介绍为图形填充颜色的方法。本实例的制作完成效果，如图5-1所示。

图5-1　完成效果

1. 拾色器

（1）在Illustrator CS4中，执行"文件"|"打开"命令，打开"配套素材\Chapter-05\轮廓图形.ai"文件，选中页面中的背景图形，如图5-2所示。

（2）双击工具箱中的"填色"按钮，打开"拾色器"对话框，参照图5-3所示，设置CMYK颜色值，单击"确定"按钮，关闭对话框。其中设置的颜色将显示在"填色"按钮上，并应用到当前选中的图形，如图5-4所示。

图5-2　选择背景图形

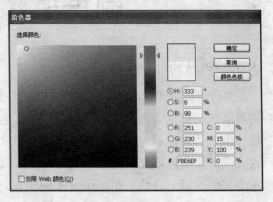

图5-3　"拾色器"对话框

 单击工具箱底部的"填色"按钮，弹出"颜色"调板，然后双击"填色"按钮，也可打开"拾色器"对话框。

（3）保持图形的选择状态，单击工具箱底部的"描边"按钮，使"描边"按钮成为当前编辑状态，单击"无"按钮☑，使图形的描边不填充颜色，如图5-5所示。

图5-4　为图形填充颜色

图5-5　取消轮廓线的填充

 单击工具箱底部的"颜色"▨按钮，可以为图形填充纯色。单击"渐变"按钮　可以为图形填充渐变色。

（4）选中页面中的相应图形，双击工具箱中的"填色"按钮，打开"拾色器"对话框，拖动色谱上的颜色滑块，设置色域显示的色相，在色域中移动鼠标到需要的颜色上单击选取颜色，单击"确定"按钮，关闭对话框，为图形填充颜色，如图5-6和图5-7所示。

图5-6 为图形填充颜色

（5）参照图5-8所示选取页面中的图形。

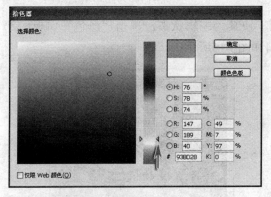

图5-7 "拾色器"对话框

图5-8 选择图形

（6）单击工具箱底部的"互换填色和描边"按钮，使当前图形的填充颜色和描边颜色互换，如图5-9所示。

提示 单击工具箱底部的"默认填色和描边"按钮，可以将图形还原为默认的状态，如图5-10所示。填充颜色为白色，描边颜色为黑色，描边粗细为1pt。

图5-9 切换图形颜色

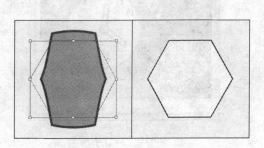

图5-10 还原为默认状态

2. "颜色"调板

（1）单击工具箱中的"填色"按钮，打开"颜色"调板，如图5-11所示。

（2）选取页面中相应的图形，参照图5-12所示，在"颜色"调板中输入颜色值，为图形填充颜色，得到图5-13所示效果。

图5-11　"颜色"调板　　　　　图5-12　设置颜色　　　　　图5-13　为图形填充颜色

（3）单击"颜色"调板中的"描边"按钮，使其为编辑状态，单击"颜色"调板底部的"无"按钮，取消描边的颜色填充，如图5-14和图5-15所示。

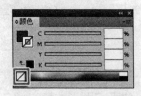

图5-14　单击"无"按钮　　　　　　　　图5-15　取消轮廓线的填充

（4）选中页面中的钟表图形，如图5-16所示。

（5）移动鼠标到"颜色"调板的色谱上，这时鼠标指针变为吸管状态，单击吸取色谱中的颜色，为图形填充颜色，如图5-17和图5-18所示。

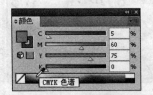

图5-16　选择图形　　　　　　　　　图5-17　吸取颜色

（6）将"描边"设置为当前编辑状态，单击"颜色"调板中色谱末端的黑色，填充图形的描边颜色为黑色，如图5-19和图5-20所示。

（7）选中页面中的相应图形，单击"颜色"调板右上角的按钮，在弹出的快捷菜单中选择"RGB"颜色模式。设置"填色"为可编辑状态，然后输入颜色值，为图形填充颜色，如图5-21和图5-22所示。

图5-18　为图形填充颜色

图5-19　"颜色"调板

图5-20　填充描边颜色

图5-21　"颜色"调板

 按下Shift键的同时在色谱上单击，可直接设置颜色模式，如图5-23所示。

图5-22　为图形填充颜色

图5-23　设置颜色模式

3. "色板"调板

（1）执行"窗口"|"色板"命令，打开"色板"调板，如图5-24所示。

（2）参照图5-25所示选取页面中的图形。

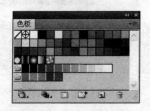

图5-24　"色板"调板

图5-25　选择图形

在"色板"调板中存储有大量的颜色、图案和渐变色，这些都是以色块的形式存储在"色板"调板中的，单击这些色块即可为图形填充相应的颜色、图案或渐变色，如图5-26和图5-27所示。

（3）保持图形为选择状态，单击"色板"调板底部的"新建色板"按钮 ，打开"新建色板"对话框，保持默认参数，单击"确定"按钮，关闭对话框，将选择的颜色储存到"色板"调板中，如图5-28和图5-29所示。

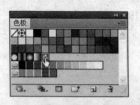
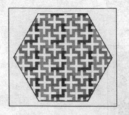
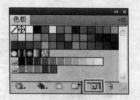

图5-26　单击色块　　　　　图5-27　填充图案　　　　图5-28　"新建色板"按钮

（4）选中页面中相应图形，单击"色板"调板中新建的色块，为图形填充颜色，如图5-30和图5-31所示。

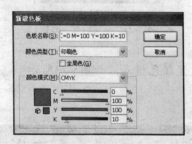

图5-29　"新建色板"对话框　　　　　　　　图5-30　单击色块

（5）单击"色板"调板底部的"色板库"按钮 ，在弹出的快捷菜单中选择"中性"命令，打开"中性"调板，如图5-32和图5-33所示。

图5-32　"色板库"按钮

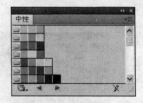

图5-31　为图形填充颜色　　　　　　　图5-33　"中性"调板

（6）参照图5-34所示，单击"中性"调板底部的"加载下一个色板库"按钮，切换到下一个色板库，为"儿童物品"调板，如图5-35所示。

（7）选中页面中相应图形，参照图5-36所示，单击"儿童物品"调板中相应的色块，为图形填充颜色，如图5-37所示。

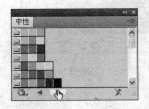

图5-34　"加载下一个色板库"按钮

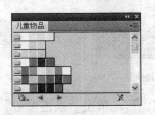

图5-35　"儿童物品"调板

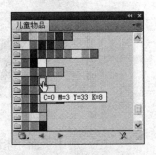

图5-36　选择颜色

单击"色板"调板底部的"色板选项"按钮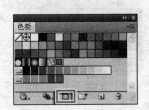，打开"色板选项"对话框，输入需要的颜色值，单击"确定"按钮，可以设置"色板"调板中色块的颜色，如图5-38和图5-39所示。

图5-37　为图形填充颜色

图5-38　"色板选项"按钮

4．"颜色参考"调板

（1）执行"窗口"|"颜色参考"命令，打开"颜色参考"调板，如图5-40所示。

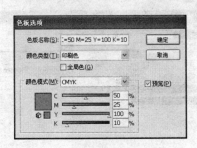

图5-39　设置颜色

图5-40　"颜色参考"调板

（2）参照图5-41所示，将相应图形选中，单击"颜色参考"调板左上角的"将基色设置为当前颜色"图标，如图5-42所示，将"颜色参考"调板中的颜色切换到与当前相协调的颜色。

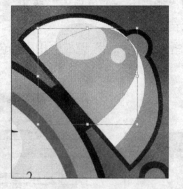

图5-41　选择图形

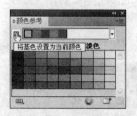

图5-42　将基色设置为当前颜色

（3）选中页面中相应图形，单击"颜色参考"调板中的一个色块，为图形填充颜色，如图5-43和图5-44所示。

图5-43　选择颜色

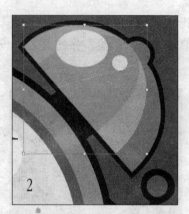

图5-44　为图形填充颜色

单击"颜色参考"调板中的"协调规则"按钮，这时弹出一个下拉列表，在该列表中列出了各种配色方案，如图5-45所示。

如果需要添加新的配色方案，可以单击"颜色参考"调板底部的"编辑或应用配色"按钮，在弹出的"重新着色图稿"对话框中编辑和保存新的配色方案，如图5-46所示。

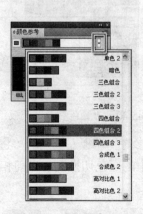

图5-45　选择配色方案

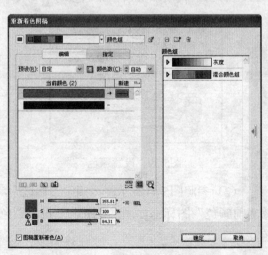

图5-46　"重新着色图稿"对话框

5．吸管工具

（1）选中页面中相应图形，如图5-47所示。

（2）参照图5-48所示，使用"吸管工具" 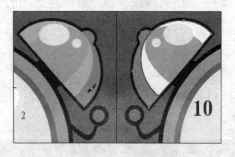单击相应图形，即可将图形的颜色、描边和描边的属性复制到当前图形上。

图5-47　选择图形

图5-48　复制图形属性

（3）选中页面中相应图形，如图5-49所示。

（4）选择"吸管工具" ，按住键盘上的Alt键单击需要复制属性的图形，即可将选择图形的属性复制到单击的图形上，如图5-50所示。

图5-49　选择图形

图5-50　复制图形属性

（5）选取页面中的"2"文字图形，选择"吸管工具" ，移动鼠标到"1"文字图形位置，这时鼠标指针变为 ，单击文字图形，即可将文字的大小、字体和水平缩放比例复制到当前文字中，如图5-51所示。

（6）使用相同的方法，使用"吸管工具" 为其他文字添加属性，如图5-52所示。

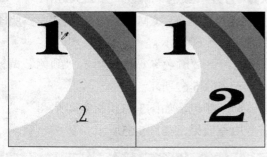

图5-51　使用"吸管工具"复制文本属性

图5-52　为其他文字添加属性

5.2 实例：圣诞礼物（渐变填充）

在填充颜色时，只填充一种颜色会过于单调，可以通过填充渐变色来丰富图形的颜色效果。渐变是指两种或多种不同颜色之间的一种混合过渡，所得到的效果细腻、色彩丰富。

下面通过为图形填充渐变色，制作一个圣诞礼物的实例。本实例的完成效果，如图5-53所示。

1. 创建渐变色

（1）执行"文件"|"打开"命令，打开"配套素材\Chapter-05\背景.ai"文件，如图5-54所示。

图5-53 完成效果　　　　　　　　　　图5-54 素材文件

（2）执行"窗口"|"渐变"命令，打开"渐变"调板，如图5-55所示。

（3）选中页面中相应图形，单击"渐变"调板中的渐变色条，即可为图形填充渐变色，如图5-56和图5-57所示。

图5-55 "渐变"调板　　　　　　　　　图5-56 创建渐变

（4）双击"渐变"调板中的黑色渐变滑块，打开"颜色"调板，如图5-58所示。

（5）单击调板右上角的按钮，在弹出的快捷菜单中选择"CMYK"颜色模式。参照图5-59所示，在调板中输入数值设置渐变颜色，效果如图5-60所示。

（6）双击"渐变"调板中的另一个渐变滑块，打开"颜色"调板。单击"颜色"调板中的"色板"图标，切换到"色板"调板，如图5-61和图5-62所示。

（7）单击"色板"调板中相应的色块，设置渐变颜色，如图5-63和图5-64所示。

（8）使用相同的方法，为其他图形添加渐变填充效果，如图5-65所示。

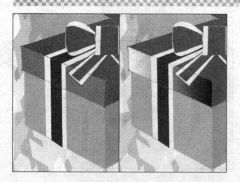

图5-57 为图形填充渐变色

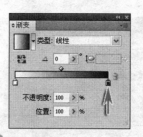

图5-58 双击渐变滑块

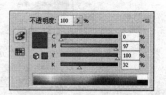

图5-59 设置渐变颜色

图5-60 填充渐变色

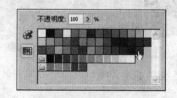

图5-61 切换到"色板"调板

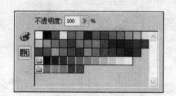

图5-62 "色板"调板

图5-63 单击色块

图5-64 填充渐变色

图5-65 为图形添加渐变填充效果

（9）选中页面中相应图形，为图形添加渐变填充效果，然后在"渐变"调板中输入角度数值，设置渐变色的方向，如图5-66和图5-67所示。

图5-66 设置角度参数　　　　　　　图5-67 为图形填充渐变色

（10）使用以上方法，继续为礼品盒图形添加渐变填充效果，如图5-68所示。

2. 渐变类型

（1）选中页面中的星形图形，参照图5-69所示，在"渐变"调板中为图形添加线性渐变填充效果，如图5-70所示。

图5-68 继续为图形添加渐变填充效果　　　　图5-69 "渐变"调板

（2）接下来在"渐变"调板中设置渐变类型为"径向"，使图形从中心向外渐变，如图5-71和图5-72所示。

图5-70 添加线性渐变效果　　　　　　图5-71 设置渐变类型

（3）使用相同的方法，继续为其他星形图形添加径向渐变效果，如图5-73所示。

3. 编辑渐变色

（1）选中页面中的背景图形，如图5-74所示。

图5-72 添加径向渐变效果

图5-73 为图形添加径向渐变效果

（2）参照图5-75所示，为图形添加渐变填充效果。然后单击"渐变"调板中的"反向渐变"按钮 ，使渐变色反转，如图5-76所示。

图5-74 选择图形

图5-75 "渐变"调板

（3）单击"渐变"调板中左侧的渐变滑块，使其成为当前可编辑状态，并在"位置"文本框中输入数值，设置渐变滑块的位置，如图5-77和图5-78所示。

图5-76 反向渐变

图5-77 选择渐变滑块

图5-78 设置渐变滑块的位置

（4）在"渐变"调板中，移动鼠标到渐变条下方位置，这时鼠标指针变为 ，单击即可添加一个渐变滑块，然后为添加的渐变滑块设置颜色与位置，如图5-79和图5-80所示。

在"渐变"调板中设置"不透明度"选项，可以调整滑块颜色的透明度，如图5-81和图5-82所示。

单击并拖动渐变色条上方的菱形滑块，可以对渐变色的渐变中心进行调整和设置，如图5-83和图5-84所示。

图5-79　添加渐变滑块

图5-80　设置渐变滑块的颜色

图5-81　设置不透明度

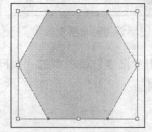

图5-82　渐变效果透明

图5-83　设置渐变中心

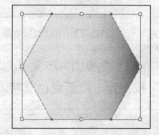

图5-84　调整后的效果

4. 使用"渐变工具"

"渐变工具" ▣只可以对已有的渐变效果进行编辑，不可以创建新的渐变效果。

（1）保持图形的选择状态，选择"渐变工具" ▣，在对象上单击并拖动，释放鼠标即可改变渐变的方向，如图5-85和图5-86所示。

图5-85　为图形添加径向渐变填充

图5-86　改变渐变方向

图5-87　调整渐变填充的范围

（2）保持图形的选择状态，在"渐变调杆"上移动鼠标到终止点渐变滑块位置，这时鼠标指针变为▶,单击并拖动鼠标，调整渐变填充的范围，如图5-87所示。

（3）双击"渐变调杆"中的渐变滑块，弹出"颜色"调板，参照图5-88所示输入颜色值，设置渐变滑块的颜色，得到图5-89所示效果。

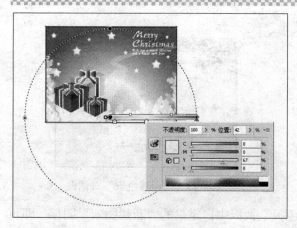

图5-88 设置颜色值

图5-89 设置颜色的效果

5.3 实例：时尚底纹（图案填充）

图案填充是指将图形图案填充在图形中，使图形生动、形象。下面通过实例时尚底纹的制作，为读者详细介绍创建图案和填充图案的方法。本实例的制作完成效果，如图5-90所示。

（1）执行"文件"|"打开"命令，打开"配套素材\Chapter-05\插画.ai"文件，如图5-91所示。

图5-90 完成效果

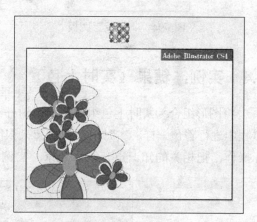

图5-91 素材文件

（2）参照图5-92所示，选中页面中相应图形，执行"编辑"|"定义图案"命令，打开"新建色板"对话框，如图5-93所示。默认色板名称，单击"确定"按钮，关闭对话框，将当前图形定义为图案，其中定义的图案将在"色板"调板中显示。

提示　在创建的图形上绘制一个不填充颜色的矩形图形，创建为图案时，将只显示矩形图形覆盖的部分。

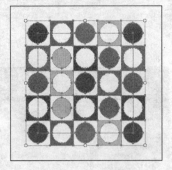

图5-92　选择图形

图5-93　"新建色板"对话框

（3）选中页面中的背景图形，单击"色板"调板中自定义的"新建图案"图标，即可为图形添加图案填充效果，如图5-94、图5-95所示。

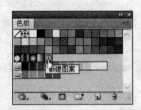

图5-94　"色板"调板

图5-95　添加图案填充效果

5.4　实例：糖果（实时上色）

将图形组合为实时上色组后，可以对任意的封闭路径或描边填充不同的颜色，就像绘画过程中进行着色一样。实时上色操作起来很简单，编者将通过理论的讲解以及本实例中的实际操作，把相关的知识点介绍给大家，实例的完成效果如图5-96所示。

图5-96　完成效果

1. 建立实时上色组

（1）在Illustrator CS4中，执行"文件"|"打开"命令，打开"配套素材\Chapter-05\实时上色.ai"素材文件，如图5-97所示。

（2）参照图5-98所示选择图形，然后使用"吸管工具"  在糖果主体部分单击，设置为与之相同的填充颜色与描边颜色，如图5-99和图5-100所示。

图5-97　素材文件

图5-98　选择图形

图5-99　吸取颜色

图5-100　添加颜色

（3）参照图5-101所示选择图形，然后执行"对象"|"实时上色"|"建立"命令，将选择的图形建立为实时上色组，如图5-102所示。

图5-101　选择图形

图5-102　建立实时上色组

选择图形后，单击工具箱中的"实时上色工具" ，移动鼠标至所选图形，此时视图中会显示图5-103所示的提示字样，单击图形，就可建立实时上色组，从"图层"调板中也可以观察得很清楚，如图5-104和图5-105所示。

图5-103　显示提示

图5-104　选择图形效果

2. 实时上色

（1）从上述插图中可以观察到，选择"实时上色工具" 时，视图中工具上方突出显示的颜色会显示为和糖果内部相同的浅橙色，而在"色板"调板中，会显示对应的颜色，如图5-106所示。

（2）按下键盘上的→键，即可在"色板"调板中选择其右侧的淡黄色，如图5-107所示，而视图中工具上方突出显示的颜色会变为对应的颜色，如图5-108所示。

（3）选择颜色后，在对应位置单击，即可为图形填充颜色，如图5-109所示。

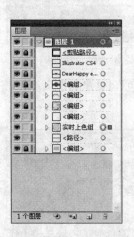

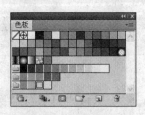

图5-106　"色板"调板

图5-105　建立实时上色组效果　　　图5-107　选择颜色　　　图5-108　显示对应颜色

读者可以观察到，在定位对象时，目标图形中一部分轮廓会显示为红色，表示可以对该部分进行填色。如果用户想对突出显示的部分的属性进行更改，可以通过双击"实时上色工具" ，在弹出的"实时上色工具选项"对话框中进行设置，如图5-110所示。同时，也可以设置其他的选项。

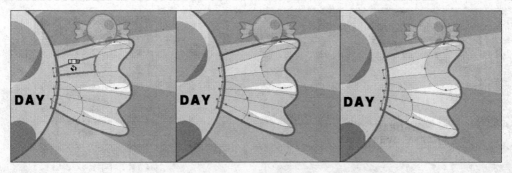

图5-109　填充选择的颜色

"实时上色工具选项"对话框中各选项的含义如下。

·填充上色：默认状态下，此复选框被勾选，表示只可以对图形内部填充颜色，如果取消选择，系统会自动勾选"描边上色"复选框，单击"确定"按钮后，只可以为图形的描边进行填色。如果加选"描边上色"复选框，就可以共同为图形内部和描边填充颜色。

·光标色板预览：默认状态下，此复选框为被勾选状态，如果取消选择，填充颜色时，"实时上色工具" 上方的色板预览会消失。

·颜色：在"颜色"下拉列表框中，用户可以更改突出显示的颜色设置。

·宽度：在"宽度"数值框中，用户可以更改突出显示的宽度设置。

（4）按下键盘上的←键，可以选择目标颜色左侧的颜色，如果连续按键，则可以在一个颜色组中进行颜色的循环选择。依照讲述的方法，继续为图形填充其他颜色，最终得到图5-111所示的效果。

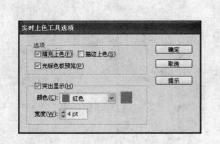

图5-110　"实时上色工具选项"对话框

图5-111　填充剩余颜色

提示

按下键盘上的↑键，可以向上选择颜色组，如果按下键盘上的↓键，则可以向下选择颜色组，如果连续按键，就可循环进行选择。

3. 复制图形并调整图层顺序

复制填充的糖果右侧图形，并调整图形的位置和图层顺序，如图5-112和图5-113所示。

图5-112　调整图形后的效果

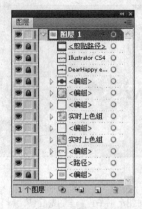

图5-113　"图层"调板

5.5　实例：喜庆的底纹（描边编辑）

我们还可以为图形的边缘填充颜色，这种为图形边缘填充颜色的操作称为设置描边效果。在Illustrator CS4中，只可以为描边效果填充颜色和图案，不可以为描边效果填充渐变色。对描边效果属性的设置都是在"描边"调板中进行的。

接下来通过实例喜庆的底纹的制作，来为读者具体介绍设置描边效果的方法。本实例的制作完成效果如图5-114所示。

1. 编辑直线描边

（1）执行"文件"|"打开"命令，打开"配套素材\Chapter-05\红色背景.ai"文件，如图5-115所示。

图5-114　完成效果

图5-115　素材文件

（2）执行"窗口"|"描边"命令，打开"描边"调板，如图5-116所示。

（3）选中页面中相应图形，在"粗细"数值框中输入数值，设置描边的粗细，如图5-117和图5-118所示。

（4）使用相同的方法，继续为其他图形设置描边的粗细，如图5-119所示。

图5-116　"描边"调板

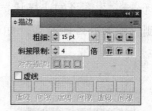

图5-117　设置粗细参数

图5-118　设置描边的粗细

图5-119　设置描边的粗细

（5）选择页面中相应直线图形，参照图5-120所示，设置描边的粗细。接着单击"描边"调板中的"圆头端点"按钮，使直线的两端为圆形，如图5-121所示。

图5-120　"描边"调板

图5-121　设置顶点样式

（6）选中页面中的文字图形，参照图5-122所示，在"粗细"数值框中输入数值，设置描边的粗细，如图5-123所示。

图5-122　"描边"调板

图5-123　为文字设置描边效果

(7) 保持文本图形的选择状态，单击"描边"调板中的"使描边外侧对齐"按钮，使描边的内侧与图形的外侧对齐，如图5-124和图5-125所示。

图5-124　"描边"调板

图5-125　使描边外侧对齐

2. 编辑虚线描边

　　将"描边"调板底部的"虚线"选项选中，即可创建虚线的描边效果，如图5-126、图5-127所示。当"虚线"选项为选择状态时，下方的选项为可编辑状态。"虚线"选项用来设置虚线的长度，"间隙"选项用来设置虚线与虚线之间的距离，如图5-128和图5-129所示。

图5-126　设置"虚线"选项

图5-127　选中"虚线"选项

图5-128　设置"虚线"选项

图5-129　虚线描边效果

课后练习

　　1. 设计制作古典图案，效果如图5-130所示。

　　要求：

　　(1) 使用"色板"调板。

　　(2) 使用拾色器。

　　(3) 使用"颜色"调板。

2. 设计制作心形卡片，效果如图5-131所示。

图5-130　古典图案

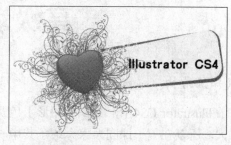

图5-131　心形卡片

要求：

（1）设置填充颜色。

（2）设置描边颜色。

（3）创建渐变色。

第6课

高级填充技巧

本课知识结构

在Illustrator CS4中，关于为图形上色及设置描边效果的功能是比较丰富的，其效能也十分强大，所以在上一课向大家介绍了其中一部分内容后，在本课中编者将继续为读者介绍更为高级、使用效果更为精美的其他填充技巧。这些技巧不仅可以使图形外观绚丽，操作起来也很方便，是设计人员进行创作的好帮手。希望读者通过本课的学习，可以在有限的内容中发挥无限潜能，对实例中所涵盖的知识点产生一个真正认知的过程。

就业达标要求

- ★ 创建渐变网格
- ★ 复制对象的属性
- ★ 创建符号
- ★ 绘制符号组

- ★ 填充渐变网格
- ★ 设置透明度
- ★ 存储对象的外观
- ★ 设置对象的外观

6.1 实例：云中漫步（渐变网格填充）

网格对象是一种多色对象，其上的颜色可以沿不同方向顺畅分布且从一点平滑过渡到另一点。创建网格对象时，将会有多条线交叉穿过对象，这为处理对象上的颜色过渡提供了一种简便方法。通过移动和编辑网格上的点，可以更改颜色的变化强度，或者更改对象上的着色区域范围。

下面通过实例云中漫步的制作，讲述创建渐变网格填充的具体操作步骤。本实例的制作完成效果如图6-1所示。

图6-1 完成效果

1. 使用"网格工具"

（1）执行"文件"|"打开"命令，打开"配套素材\Chapter-06\小船.ai"文件，如图6-2所示。

（2）使用"钢笔工具" ◎ 在页面中绘制云彩图形，如图6-3所示。

图6-2 素材文件　　　　　　　　　　　图6-3 绘制云彩图形

（3）选择"网格工具" ◎ ，在对象上单击，即可为图形添加网格线，将该对象转换为渐变网格对象，如图6-4所示。

（4）多次单击渐变网格图形，添加其他网格线，如图6-5所示。

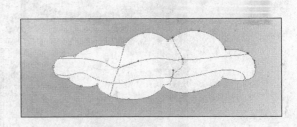

图6-4 创建渐变网格对象　　　　　　　图6-5 添加网格线

（5）使用"直接选择工具" ◎ 选取图6-6所示的多个网格点，然后在"颜色"调板中为选择的网格点填充颜色。

2. 使用"创建渐变网格"命令

（1）参照图6-7所示，使用"钢笔工具" ◎ 在页面中继续绘制云彩图形。

（2）保持云彩图形为选择状态，执行"对象"|"创建渐变网格"命令，打开"创建渐变网格"对话框，参照图6-8所示，设置对话框参数，单击"确定"按钮，关闭对话框，即可为图形创建渐变网格，如图6-9所示。

（3）使用"直接选择工具" ◎ 选取多个网格点，为网格点设置颜色，如图6-10所示。

（4）使用以上绘制渐变网格图形的方法，继续创建其他渐变网格对象，并为网格填充颜色，如图6-11所示。

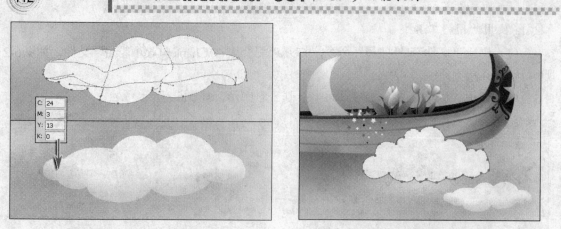

图6-6　为网格点填充颜色　　　　　　　图6-7　绘制云彩图形

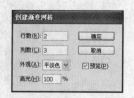

图6-8　"创建渐变网格"对话框　　　　　图6-9　创建渐变网格对象

图6-10　为渐变网格对象设置颜色

图6-11　继续创建渐变网格对象

3. 编辑渐变网格

渐变网格的编辑就像路径的编辑一样。可以使用"直接选择工具"、"转换锚点工具"对渐变网格图形进行编辑，如图6-12所示。对网格的编辑将会对图形的填充颜色产生影响，如图6-13所示。

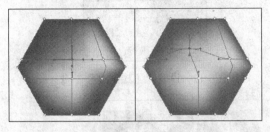

图6-12　编辑网格

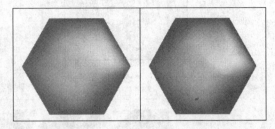

图6-13　编辑渐变网格颜色

6.2　实例：雪景（"透明度"调板）

在"透明度"调板中可以设置图形透明的程度，数值越小，图形越透明。利用"透明度"调板还可以使图形产生特殊的透明效果。

下面通过实例雪景的制作，来完成对"透明度"调板的学习。本实例的制作完成效果如图6-14所示。

图6-14　完成效果

1. "透明度"调板

（1）执行"文件"|"打开"命令，打开"配套素材\Chapter-06\素材.ai"文件，如图6-15所示。

图6-15　素材文件

（2）执行"窗口"|"透明度"命令，打开"透明度"调板，如图6-16所示。

（3）选中页面中的部分图形，参照图6-17所示，在"不透明度"选项中输入数值，设置图形的不透明度，效果如图6-18所示。

图6-16　"透明度"调板　　　　　　　　　图6-17　设置"不透明度"参数

图6-18　不透明度效果

（4）选中页面中相应图形，在"透明度"调板中，设置图形的混合模式为"柔光"，其中"不透明度"参数为20%，如图6-19和图6-20所示。

图6-19　"透明度"调板　　　　　　　　　图6-20　图形效果

2. 建立不透明蒙版

（1）选中页面中相应图形，如图6-21所示。

（2）单击"透明度"调板右上角的 按钮，在弹出的快捷菜单中选择"建立不透明蒙版"命令，为当前图形添加不透明度蒙版，如图6-22和图6-23所示。

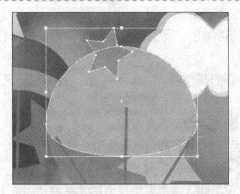

图6-21 选择图形

图6-22 "透明度"调板

（3）参照图6-24所示，选中页面中相应图形，为其添加不透明蒙版。然后在"透明度"调板中取消"反相蒙版"复选框的勾选，如图6-25所示，使不透明蒙版反向。

3. 混合模式

在Illustrator CS4中，"透明度"调板提供了16种混合模式，混合模式可以用不同的方法将对象颜色与底层对象的颜色混合。将一种混合模式应用于某一对象时，在此对象的图层或组下方的任何对象上都可看到混合模式的效果。下面介绍调板中各个混合模式的含义，应用调板中各个混合模式的效果如图6-26所示。

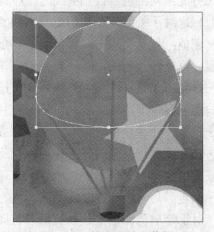

图6-23 创建不透明蒙版

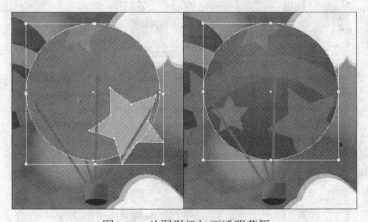

图6-24 为图形添加不透明蒙版

图6-25 "透明度"调板

· 正常：默认模式，使用混合色对选区上色，而不与基色相互作用。

· 变暗：选择基色或混合色中较暗的一个作为结果色，比混合色亮的区域会被结果色所取代，比混合色暗的区域将保持不变。

· 正片叠底：将基色与混合色相乘，得到的颜色总是比基色和混合色都要暗一些。将任何颜色与黑色相乘都会产生黑色，将任何颜色与白色相乘则颜色保持不变。

• 颜色加深：加深基色以反映混合色，与白色混合后不产生变化。

• 变亮：选择基色或混合色中较亮的一个作为结果色，比混合色暗的区域将被结果色所取代，比混合色亮的区域将保持不变。

• 滤色：将混合色的反相颜色与基色相乘，得到的颜色总是比基色和混合色都要亮一些。用黑色滤色时颜色保持不变，用白色滤色将产生白色。

• 颜色减淡：加亮基色以反映混合色，与黑色混合则不发生变化。

• 叠加：对颜色进行相乘或滤色，具体取决于基色，图案或颜色叠加在现有的图形上，在与混合色混合以反映原始颜色的亮度和暗度的同时，保留基色的高光和阴影。

• 柔光：使颜色变暗或变亮，具体取决于混合色，此效果类似于漫射聚光灯照在图形上。

• 强光：对颜色进行相乘或过滤，具体取决于混合色。此效果类似于耀眼的聚光灯照在图形上。这对于给图像添加阴影很有用。用纯黑色或纯白色上色会产生纯黑色或纯白色。

• 差值：从基色减去混合色或从混合色减去基色，具体取决于哪一种的亮度值较大。与白色混合将反转基色值，与黑色混合则不发生变化。

• 排除：创建一种与"差值"模式相似但对比度更低的效果，与白色混合将反转基色分量，与黑色混合则不发生变化。

• 色相：用基色的亮度和饱和度以及混合色的色相创建结果色。

• 饱和度：用基色的亮度和色相以及混合色的饱和度创建结果色，在无饱和度（灰度）的区域上用此模式着色不会产生变化。

• 颜色：用基色的亮度以及混合色的色相和饱和度创建结果色，这样可以保留图形中的灰阶，对于给单色图形上色以及给彩色图形染色都会非常有用。

• 明度：用基色的色相和饱和度以及混合色的亮度创建结果色，此模式的效果与"颜色"模式的效果相反。

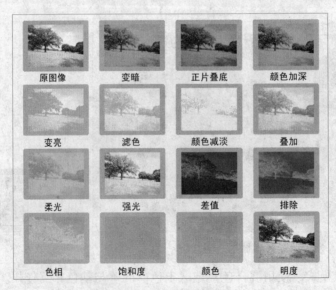

图6-26　应用混合模式效果

6.3　实例：时尚插画（"符号"调板）

符号是指"符号"调板或符号库中的图形，在文件中可重复使用的图形对象，使用符号可节省时间并显著减小文件大小。除了系统提供的符号图形外，还可以自己创建各种各样的符号图形。

在制作实例时尚插画的过程中，将介绍应用、编辑和创建符号的方法。本实例的制作完成效果如图6-27所示。

图6-27　完成效果

1. 应用符号

（1）执行"文件"|"打开"命令，打开"配套素材\Chapter-06\插画背景.ai"文件，如图6-28所示。

（2）执行"窗口"|"符号"命令，打开"符号"调板，如图6-29所示，单击"符号"调板中的"黄色的花"符号。

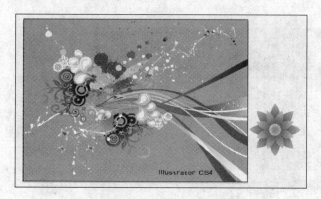

图6-28　素材文件

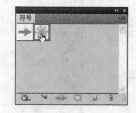

图6-29　选择符号

（3）使用工具箱中的"符号喷枪工具" 在页面中单击创建符号图形，如图6-30所示。

（4）使用"符号喷枪工具" 在页面中多次单击创建多个符号图形，并且多个符号图形将以符号组显示，如图6-31所示。

图6-30　创建符号图形

图6-31　创建多个符号图形

2. 编辑符号

（1）确认"符号"调板中的"黄色的花"符号为选择状态，单击"符号"调板右上角的■按钮，在弹出的快捷菜单中选择"编辑符号"命令，使符号图形为隔离模式状态，即可对该符号图形进行编辑，如图6-32所示。

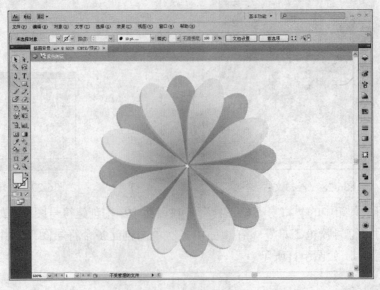

图6-32　隔离模式状态

在"符号"调板中双击符号图形，即可对符号图形进行编辑。

（2）使用"椭圆工具" 在花蕊位置绘制正圆图形，参照图6-33和图6-34所示，为图形添加渐变填充效果，并取消选择。

图6-33 绘制花蕊图形

图6-34 "渐变"调板

（3）单击属性栏中的"退出隔离模式"按钮，将符号图形退出隔离模式，这时符号组中的符号图形也发生了变化，如图6-35所示。

3. 创建符号

（1）参照图6-36所示，选取视图中的图形。

图6-35 编辑符号图形效果

图6-36 选择图形

（2）单击"符号"调板底部的"新建符号"按钮，打开"符号选项"对话框，保持默认参数，单击"确定"按钮，关闭对话框，将选择的图形创建为符号，如图6-37、图6-38所示。

图6-37 "符号选项"对话框

图6-38 创建符号图形

（3）保持新建的符号图形为选择状态，单击"符号"调板底部的"置入符号实例"按钮，在页面自动创建一个符号图形，如图6-39和图6-40所示。

图6-39 单击"置入符号实例"按钮

图6-40 置入符号图形

（4）参照图6-41所示，调整符号图形的位置。

图6-41 调整符号图形的位置

6.4 实例：水晶球（符号工具组）

在"符号"调板中可以对符号进行创建和管理，而工具箱中的符号工具组可以创建符号组，还可以调整符号组中各个符号的位置、透明度、颜色、方向、样式等属性。

接下来通过实例水晶球的制作，讲解符号工具组中的工具的使用方法。本实例的完成效果如图6-42所示。

图6-42 完成效果

1. 符号喷枪工具

（1）执行"文件"|"打开"命令，打开"配套素材\Chapter-06\圣诞快乐.ai"文件，如图6-43所示。

（2）双击工具箱中的"符号喷枪工具"，打开"符号工具选项"对话框，设置对话框参数，单击"确定"按钮，关闭对话框，如图6-44所示。

图6-43　素材文件

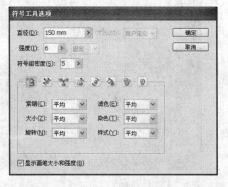

图6-44　"符号工具选项"对话框

（3）单击"符号"调板中的"五彩纸
屑"符号，使用"符号喷枪工具"  在页面
中创建符号图形，如图6-45所示。

2. 符号移位器工具

（1）选中页面中的符号图形，选择
"符号移位器工具" ，在符号图形上单击
并拖动，即可移动符号图形。

（2）使用相同的方法，调整其他符号
图形的位置，如图6-46所示。

3. 符号紧缩器工具

使用"符号紧缩器工具" 在图形上单
击并停留一定的时间，即可使符号图形向光
标所在的点聚集。使用相同的方法，参照图
6-47所示调整符号图形。

图6-45　创建符号图形

图6-46　移动符号图形

图6-47　紧缩符号图形

 　在使用"符号紧缩器工具" 时，按下Alt键将使图形的密度减小。

4. 符号缩放器工具

（1）选择"符号缩放器工具" ，在符号图形上单击，可放大符号图形，如图6-48所示。

图6-48　放大符号图形

（2）按住键盘上的Alt键单击符号图形，可缩小符号图形，如图6-49所示。

图6-49　缩小符号图形

（3）使用相同的方法对其他符号图形进行调整，如图6-50所示。

5. 符号旋转器工具

选择"符号旋转器工具" 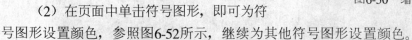，在符号图形上单击并拖动鼠标，即可调整符号图形的旋转角度。拖动鼠标时在符号图形上会出现一个箭头，这个箭头表示图形的方向。使用同样的方法对其他符号图形进行调整，得到图6-51所示效果。

6. 符号着色器工具

（1）选择"符号着色器工具" ，设置填充色为浅粉色（C：0、M：0、Y：0、K：8）。

（2）在页面中单击符号图形，即可为符号图形设置颜色，参照图6-52所示，继续为其他符号图形设置颜色。

图6-50　缩放符号图形

图6-51　旋转符号图形

图6-52　为符号图形设置颜色

7. 符号滤色器工具

接下来使用"符号滤色器工具" 在符号图形上单击，增加图形的透明度，使图形透明，如图6-53所示。

图6-53 为符号图形添加透明效果

 在使用"符号滤色器工具" 时，按下Alt键将会降低图形的透明度，使图形不透明。

图6-54 "图形样式"调板

8. 符号样式器工具

（1）选择"符号样式器工具" ，单击"图形样式"调板中的"圆角10pt"样式图标，选择该图形样式，如图6-54所示。

（2）使用"符号样式器工具" 在符号图形上单击，即可为图形添加图形样式，参照图6-55所示，继续为符号图形添加图形样式。

图6-55 为符号图形添加图形样式

当对符号组图形进行编辑时，必须先选中符号组图形，才可以使用符号工具组中的工具对符号图形进行编辑。

6.5 实例：文字效果（应用图形样式）

"图形样式"调板可以将图形的颜色、滤镜效果、不透明度、封套等图形的外观效果存储为样式。图形样式可以针对不同的图形进行应用，不需要逐个对图形进行设置，既节省时间又提高效率。

下面通过实例文字效果的制作，来完成对图形样式的存储和应用的学习。本实例的制作完成效果如图6-56所示。

1. 应用图形样式

（1）执行"文件"|"打开"命令，打开"配套素材\Chapter-06\文字背景.ai"文件，如图6-57所示。

图6-56 完成效果

图6-57 素材文件

（2）执行"窗口"|"图形样式"命令，打开"图形样式"调板，如图6-58所示。

（3）选中页面中的背景图形，单击"图形样式"调板底部的"图形样式库菜单"按钮，在弹出的快捷菜单中选择"艺术效果"命令，打开"艺术效果"调板，如图6-59所示。

（4）选中页面中的背景图形，单击"艺术效果"调板中的"RGB 铜版纸"样式图标，为图形添加图形样式，如图6-60和图6-61所示。

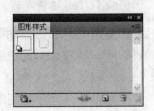
图6-58 "图形样式"调板

图6-59 "艺术效果"调板

2. 新建图形样式

（1）参照图6-62所示，为"DESIGN"字样图形设置颜色。

图6-60　选择一种图形样式　　　　　　　　　　　图6-61　应用图形样式

（2）执行"窗口"|"外观"命令，打开"外观"调板，参照图6-63所示，拖动填色效果到"复制所选项目"按钮 ，复制填色效果，如图6-64所示。

图6-62　为文本图形设置颜色　　　　　　　　　　图6-63　"外观"调板

（3）参照图6-65所示，设置填色颜色，并调整"不透明度"参数为40%。

图6-64　复制填色效果　　　　　　　　　　　　图6-65　设置填色效果

（4）保持填色效果的选择状态，执行"效果"|"扭曲和变换"|"自由扭曲"命令，打开"自由扭曲"对话框，在对象的控制点上单击并拖动鼠标，可以调整图形的扭曲效果，如图6-66和图6-67所示。

（5）单击"自由扭曲"对话框中的"确定"按钮，关闭对话框，为字样图形添加自由扭曲效果，如图6-68所示。

（6）选中页面中的"DESIGN"字样图形，执行"效果"|"变形"|"下弧形"命令，打开"变形选项"对话框，参照图6-69所示，设置对话框参数，单击"确定"按钮完成设置，得到图6-70所示效果。

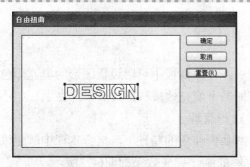

图6-66 "自由扭曲"对话框

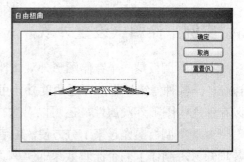

图6-67 设置自由扭曲

图6-68 添加自由扭曲效果

图6-69 "变形选项"对话框

图6-70 应用变形效果

（7）保持字样图形的选择状态，单击"图形样式"调板底部的"新建图形样式"按钮，存储当前字样图形的样式，如图6-71和图6-72所示。

图6-71 "新建图形样式"按钮

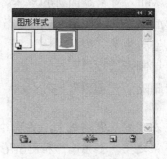

图6-72 新建图形样式

6.6 实例：涂鸦（设置外观）

"外观"调板是一个存储图形外观属性的调板，在该调板中可以设置图形的填充颜色、描边颜色、各种滤镜效果、不透明度并且可以添加多个填充效果和描边效果。在调板中不但可以存储这些图形外观属性，还可以对这些属性进行管理。

"外观"调板操作起来十分方便，编者在讲解如何使用的基础上，结合本课中颜色设置的各项知识，制作了一个涂鸦效果的实例。本实例的制作完成效果如图6-73所示。

1. "外观"调板

执行"窗口"|"外观"命令，弹出"外观"调板，在"外观"调板中可以查看当前对象、组或图层的外观属性。外观属性包括填色、描边、透明度和效果等。选中一个对象，在"外观"调板中将显示对象的各项外观属性，如图6-74所示。

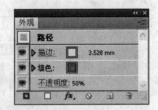

图6-73 完成效果　　　　　　　　图6-74 "外观"调板

• "添加新描边"按钮 ■：选中对象后，单击此按钮，即可为对象添加一个新的描边效果。

• "添加新填色"按钮 □：选中对象后，单击此按钮，即可为对象填充新的颜色。

• "添加新效果"按钮 fx.：选中对象后，单击此按钮，可以在弹出的菜单中执行相应的命令，从而为对象添加新的效果。

• "清除外观"按钮 ◎：单击该按钮，可删除当前对象的所有外观属性，对象的填充色和描边色均为无。

• "复制所选项目"按钮 ：可以复制选中的外观属性。

• "删除所选项目"按钮 ：可以删除选中的外观属性。

 在"外观"调板中，各项外观属性是有层叠顺序的，后应用的效果位于先应用的效果之上，如图6-75和图6-76所示。拖动外观属性列表项，改变层叠顺序，可以影响到对象的外观，如图6-77和图6-78所示。

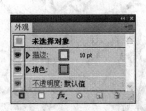

图6-75 "外观"调板

图6-76 对应图形

图6-77 改变层叠顺序

2. 设置描边

（1）在Illustrator CS4中，执行"文件"|"打开"命令，打开"配套素材\Chapter-06\涂鸦背景.ai"文件，如图6-79所示。

图6-78 对应效果

图6-79 素材文件

（2）使用"选择工具" 参照图6-80所示选择抽象的箭头图形，此时在"外观"调板中就会显示出本图形的外观属性，如图6-81所示。

图6-80 选择图形

图6-81 显示图形属性

（3）单击"描边"选项，打开"描边"调板，参照图6-82所示对图形的描边进行参数设置，得到图6-83所示效果。

图6-82　设置描边参数　　　　　　　　　　　　图6-83　描边效果

（4）单击"添加新描边"按钮 钮，为图形添加描边效果，如图6-84和图6-85所示。

图6-84　"添加新描边"按钮　　　　　　　　　　图6-85　对应效果

（5）单击描边缩略图，打开"色板"调板，参照图6-86所示在"色板"调板中选择颜色，为图形的描边效果设置颜色，得到图6-87所示效果。

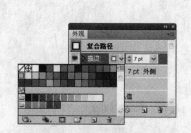

图6-86　设置描边颜色　　　　　　　　　　　　图6-87　对应效果

（6）按下Shift键的同时再次单击描边缩略图，打开"颜色"调板，以改变数值的方法调整图形的颜色，如图6-88和图6-89所示。

图6-88 调整描边颜色 图6-89 对应效果

(7)接下来参照图6-90所示在"描边粗细"数值框中输入参数，继续对图形的描边效果进行调整，得到图6-91所示效果。

图6-90 设置描边粗细 图6-91 对应效果

3. 设置填充色

(1)在"外观"调板中单击"添加新填色"按钮□，为图形添加新的填充颜色，如图6-92和图6-93所示。

图6-92 添加新的填充颜色 图6-93 对应效果

（2）单击"填色"项目左侧的三角形按钮，将隐藏的属性显示，然后单击"不透明度"选项，打开"透明度"调板，设置填充色的混合模式，如图6-94和图6-95所示效果。

图6-94　设置混合模式　　　　　　　　　　　　图6-95　对应效果

4. 设置效果

（1）单击"外观"调板中的"复合路径"项目，然后单击调板底部的"添加新效果"按钮，在弹出的菜单中执行"风格化"|"投影"命令，打开"投影"对话框，在其中设置参数，如图6-96和图6-97所示。

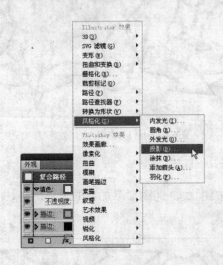

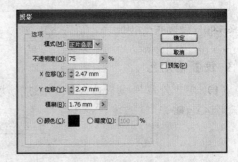

图6-96　执行命令　　　　　　　　　　　图6-97　设置投影参数

（2）单击"确定"按扭，为图形添加投影效果，如图6-98和图6-99所示。

5. 复制项目

参照图6-100所示在调板中选择需要复制的项目，单击"复制所选项目"按钮，复制所选择的属性，如图6-101所示。

6. 删除项目

按下Shift键，将两个"填色"项目同时选中，然后单击"删除所选项目"按钮，将选择的项目删除，如图6-102和图6-103所示。此时，得到图6-104所示的效果。

图6-98　"外观"调板　　　　　　　　　　　　图6-99　投影效果

图6-100　选择项目

图6-101　复制项目

图6-102　选择项目

图6-103　删除项目

图6-104　删除项目后的图形效果

7. 清除效果

（1）选择图形下方的文字，此时"外观"调板中会显示相应的属性项目，如图6-105和图6-106所示。

（2）单击"清除外观"按钮，将图形的外观恢复到默认状态，如图6-107和图6-108所示。

图6-105　选择文字

图6-106　显示文字属性项目

图6-107　清除外观项目

图6-108　对应效果

8. 设置透明度

（1）选择背景矩形，此时"外观"调板中会显示相应的属性项目，如图6-109、图6-110所示。

图6-109　选择背景图形

图6-110　显示相应的属性项目

（2）单击"外观"调板中的"纹理化"项目，打开"纹理化"对话框，在其中设置参数，单击"确定"按钮后，调整滤镜效果，如图6-111和图6-112所示。

（3）单击"纹理化"项目下方的"不透明度"项目，打开"透明度"调板，设置图形的混合模式，如图6-113和图6-114所示。

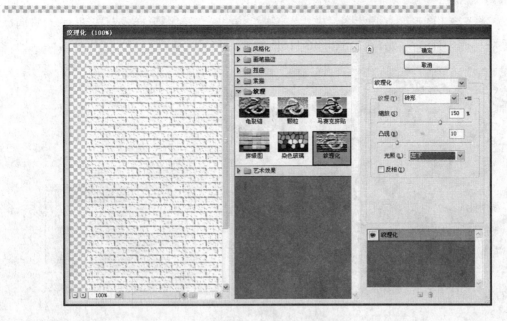

图6-111 设置滤镜参数

图6-112 对应效果

图6-113 设置混合模式

图6-114 对应效果

（4）选择箭头图形，打开"图形样式"调板，单击"新建图形样式"按钮，将选择图形的外观存储为样式，如图6-115和图6-116所示。

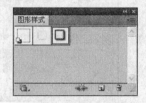

图6-115　选择箭头图形　　　　　　　　　　　图6-116　存储图形样式

　在"图形样式"调板中，选中任意一种或多种图形样式，单击"删除图形样式"按钮，可以将其删除。

（5）选择箭头图形下方的文字，单击"图形样式"调板上的"阴影"图标，为图形添加预设的效果样式，如图6-117和图6-118所示。

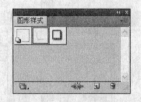

图6-117　选择图形样式　　　　　　　　　　　图6-118　为文字应用图形样式

课后练习

1. 设计制作卡片，效果如图6-119所示。

要求：

（1）创建符号。

（2）绘制符号组。

（3）编辑符号。

2. 设计制作卡通形象，效果如图6-120所示。

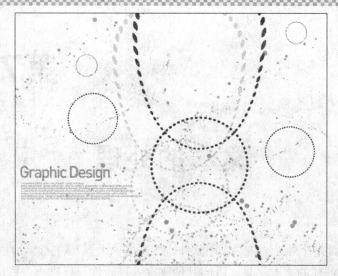

图6-119　卡片

图6-120　卡通形象

要求：

（1）设置图形的透明度。

（2）设置图形的混合模式。

（3）应用图形样式。

第7课

文本的处理

本课知识结构

　　Illustrator CS4是一个强大的矢量绘图软件，但也提供了强大的文本处理和图文混排功能。不仅可以创建各种各样的文本，也可以向其他文字处理软件一样排版大段的文字，而且最大的优点是可以把文字作为图形一样进行处理，创建绚丽多彩的文字效果。

就业达标要求

- ★ 创建点文本
- ★ 创建段落文本
- ★ 创建区域文本
- ★ 创建路径文本
- ★ 设置文本格式

- ★ 设置段落格式
- ★ 使用制表符
- ★ 创建轮廓文本
- ★ 显示溢出文本
- ★ 使用文本样式

7.1　实例：软件海报（创建文本）

　　在文本工具组中包括"文字工具" T 、"区域文字工具" T 、"路径文字工具" 、"直排文字工具" T 、"直排区域文字工具" T 和"直排路径文字工具" 。使用这些工具可以创建任意形状的文本，也可以创建丰富多彩的文本效果。

　　接下来通过实例软件海报的制作，详细介绍使用这些工具创建文本的方法。该实例的制作完成效果如图7-1所示。

图7-1　完成效果

1. 文字工具的使用

（1）在Illustrator CS4中，执行"文件"|"打开"命令，打开"配套素材\Chapter-07\红色背景.ai"文件，如图7-2所示。

（2）选择工具箱中的"文字工具" T，在页面中单击，出现插入文本光标，输入文本"ILLUSTRATOR CS4"，如图7-3所示。

图7-2 素材文件

图7-3 创建文本

 可以直接输入文字，也可选择"文件"|"置入"命令，置入外部的文本或粘贴复制其他程序中的文本。

（3）选中文本图形，参照图7-4所示在"图形样式"调板中，为文本图形添加图形样式，效果如图7-5所示。

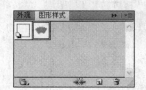

图7-4 "图形样式"调板

图7-5 添加图形样式

使用"文字工具" T可以创建点文本，也可以创建段落文本。在页面中单击并拖动鼠标，创建文本框，大小适合后释放鼠标输入文本，如图7-6所示。在段落文本中，文字到达文本框边界时会自动换行，并且框内的文字会根据文本框的大小自动调整。

使用"直排文字工具" T可以创建竖排文本，如图7-7所示。

2. 区域文字工具的使用

（1）使用"钢笔工具" 在页面绘制路径，效果如图7-8所示。

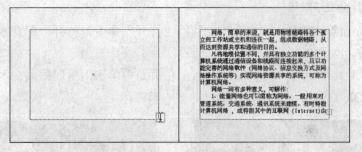

图7-6　输入段落

图7-7　竖排文本

图7-8　绘制路径

（2）选择"区域文字工具" T，移动该工具到路径上，在路径上单击并输入文本"f l o w e r"，将输入的文本多次复制，此时输入的文本将按照路径的形状来排列，效果如图7-9所示。

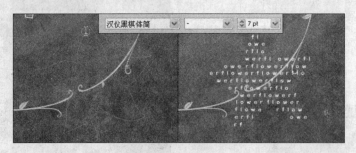

图7-9　创建区域文本

提示　　使用"直排区域文字工具" T可以在路径中创建竖排文本。

3. 路径文字工具的使用

（1）使用"钢笔工具" 绘制路径，如图7-10所示。

（2）选择"路径文字工具" ，将鼠标移动到路径的开始处单击，定位文本输入的起始位置，此时输入的文本将沿路径排列，如图7-11所示，单击属性栏中的"段落"按钮，打开"段落"调板，单击"居中对齐"按钮 ，将文本与路径居中对齐。

图7-10 绘制路径　　　　　　　　　　　　图7-11 居中对齐文本

 创建路径文本时，文本是根据路径的绘制方向排列的，因此要注意绘制路径时锚点的先后顺序，如图7-12所示。

 如果在输入文本后想改变文本的横排或竖排方式，可以选择"文字"|"文字方向"命令来实现。

使用"直接选择工具" 移动到文本一端的"|"图标上，当鼠标变为 时，沿路径拖动鼠标，可以调整文本显示的范围，如图7-13所示。

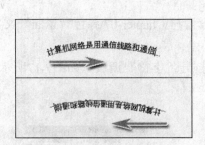

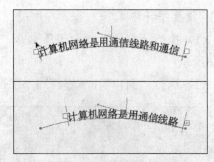

图7-12 不同方向的路径　　　　　　　　　图7-13 移动锚点位置

使用"直接选择工具" 移动到文本中心的"|"图标上，当鼠标变为 时，向路径相反的方向拖动，文本会翻转方向，如图7-14所示。

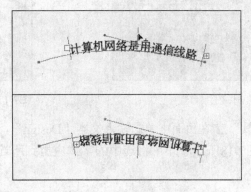

图7-14 移动锚点位置

7.2　实例：杂志设计（设置字符格式和段落格式）

　　上一节介绍了创建各种文本和段落的方法，在本节中将介绍字符和段落的设置方法。其中段落文本指使用文本框创建的文本，使用回车键创建的多行文本是无法使用这些设置的。

　　下面通过实例杂志设计，来具体介绍文本和段落文本格式的设置方法。该实例的制作完成效果如图7-15所示。

图7-15　完成效果

1. 设置字符格式

　　（1）执行"文件"|"打开"命令，打开"配套素材\Chapter-07\绿色背景.ai"文件，如图7-16所示。

　　（2）执行"窗口"|"文字"|"字符"命令，打开"字符"调板，如图7-17所示。

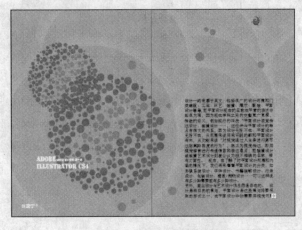

图7-16　素材文件

图7-17　"字符"调板

　　（3）使用"文字工具" T 在页面中单击输入文本"Design"，在"设置字体"下拉列表框中选择一种字体，如图7-18所示，即可将选中的字体应用到所选的文字，效果如图7-19所示。

图7-18　设置字体

图7-19　设置字体后的文字效果

（4）保持"Design"文本的选择状态，在"设置字体大小"数值框中输入数值，设置字体的大小，如图7-20和图7-21所示。

图7-20　设置字体大小

图7-21　改变字体大小后的效果

（5）使用"文字工具" T在页面中输入文本"平面设计"，单击"字符"调板中的"下画线"按钮 T，如图7-22所示，为文字添加下画线效果，如图7-23所示。

图7-22　"字符"调板

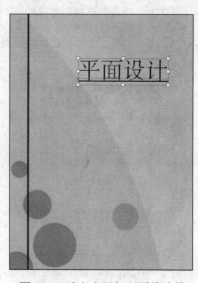

图7-23　为文字添加下画线效果

（6）参照图7-24所示在"字符"调板中，设置文本的字体和大小，如图7-25所示。

图7-24　"字符"调板　　　　　　　　　图7-25　设置文字的字体和大小

　　（7）在页面右上角输入文本"创意设计"，在"垂直缩放"数值框中输入数值，设置文字的高度比例，如图7-26、图7-27所示。

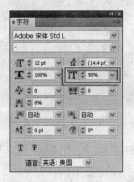

图7-26　设置文字的高度比例　　　　　　图7-27　文字垂直缩放后的效果

　　（8）保持"创意设计"文本为选择状态，参照图7-28所示，在"字符"调板中设置文本的字体和大小，如图7-29所示。

图7-28　"字符"调板　　　　　　　　　图7-29　设置文字的字体和大小

（9）使用"文字工具"T在页面中输入文本"CHUANGYI"，参照图7-30所示设置文本的字体和大小，如图7-31所示。

图7-30 "字符"调板

图7-31 添加文字

（10）选中页面中的段落文本，参照图7-32所示在"字符"调板中设置段落文本的字体和大小，如图7-33所示。

图7-32 "字符"调板

图7-33 设置段落文本的字体和大小

（11）选中段落文本，在"字符"调板的"设置行距"数值框中输入数值，如图7-34所示。调整段落文本中行与行之间的距离，如图7-35所示。

图7-34 "字符"调板

图7-35 设置段落文本的行距

下面介绍"字符"调板中其他选项的含义。

• 设置两个字符间的字符微调：该选项用来控制两个文字或字符之间的距离。只有在两个文字或字符之间插入光标时才可以进行设置。

• 设置所选字符的字距调整：调整字与字之间的距离。

• 比例间距：以比例的方式设置字与字之间的距离。

• 插入空格：在字符的左侧或右侧插入不同大小的空白。

• 设置基线偏移：设置文字上移和下移的距离，也就是创建文字的上标或下标。操作时，首先选中需要偏移的文字，然后在"设置基线偏移"数值框中输入一个数值，或通过微调按钮来增加或减小基线偏移，如图7-36、图7-37和图7-38所示。

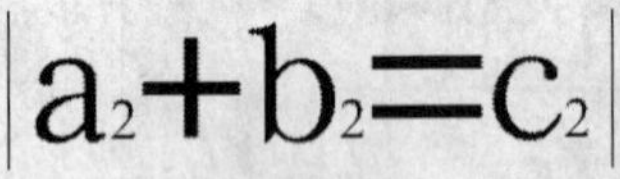

$$a_2+b_2=c_2$$

图7-36　原图　　　　图7-37　设置基线偏移　　　　

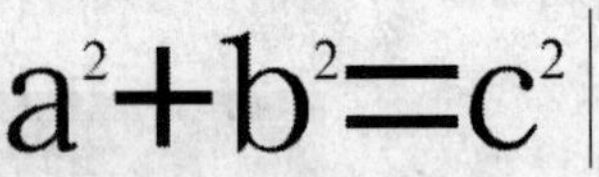

$$a^2+b^2=c^2$$

图7-38　文字的上标效果

 选中文本后，按下Shift+Alt+↑键可以增加基线偏移，增加量默认为2pt；按下Shift+Alt+↓键可以减小基线偏移，减少量默认也为2pt。

• 字符旋转：使多个字符或单个字符旋转一定角度，如图7-39、图7-40和图7-41所示。

图7-39　原图

图7-40　设置旋转角度

2. 设置段落格式

（1）执行"窗口"|"文字"|"段落"命令，打开"段落"调板，如图7-42所示。

（2）确认段落文本为选择状态，单击"段落"调板中的"两端对齐，末端左对齐"按钮■，将段落文本左右对齐，并且每段的最后一行左对齐，如图7-43和图7-44所示。

图7-41　旋转字符效果

图7-42　"段落"调板

图7-43　设置段落格式

图7-44　段落文本对齐效果

在"段落"调板的对齐方式设置区域中，还包括"左对齐"▤、"右对齐"▤、"居中对齐"▤、"两端对齐，末行居中对齐"▤、"两端对齐，末行右对齐"▤、"全部两端对齐"▤，这些对齐方式的名称与图标都相当形象，读者可以自行在段落文本中尝试。

（3）参照图7-45所示在"首行左缩进"数值框中输入数值，使每段首行左缩进两个字符，效果如图7-46所示。

图7-45　设置段落文本首行左缩进

图7-46　段落文本首行左缩进效果

在"首行左缩进"数值框内，当输入的数值为正数时，相对于段落的左边界向左缩排，当输入的数值为负数时，相对于段落的左边界向外凸出。

（4）在"段落"调板中，参照图7-47所示设置"避头尾集"选项，使文本避免每行的开头和结尾出现错误的标点符号，效果如图7-48所示。

图7-47　设置"避头尾集"选项

图7-48　段落文本避头尾集效果

（5）参照图7-49所示在"段落"调板中，设置"段前间距"数值框中的数值，调整每一段的开始和前一段之间的距离，效果如图7-50所示。

图7-49　设置段前间距

图7-50　设置段落文本段前间距效果

（6）最后参照图7-51所示设置文本颜色，完成本实例的制作。

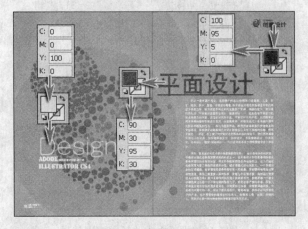

图7-51　设置文本颜色

7.3 实例：日历（设置制表符）

制表符是一个较为特殊的对齐功能，可以指定任意位置将文本对齐。

下面通过实例日历的制作，详细介绍制表符的设置方法。制作完成的日历效果如图7-52所示。

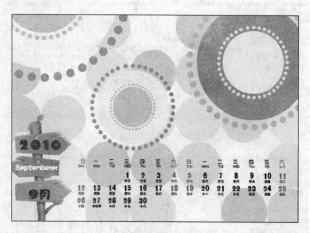

图7-52 完成效果

（1）执行"文件"|"打开"命令，打开"配套素材\Chapter-07\橙色背景.ai"文件，如图7-53所示。

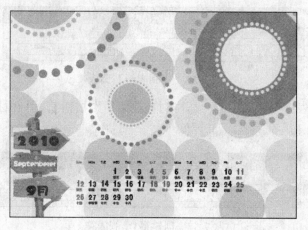

图7-53 素材文件

（2）选择"文字工具" T，在页面中单击并拖动鼠标创建段落文本，在文本框中输入日期文字，并在每个日期文字前加入一个Tab空格，如图7-54所示。

（3）参照图7-55所示，设置文字的字体和大小，并将部分文字的颜色设置为红色（C：0、M：100、Y：100、K：0）。

（4）执行"窗口"|"文字"|"制表符"命令，打开"制表符"调板，如图7-56所示。

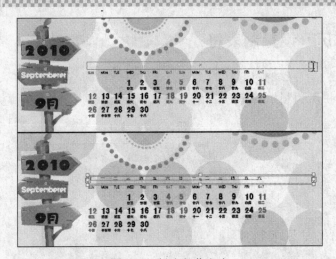

图7-54　创建段落文本

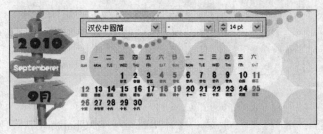

图7-55　设置文本

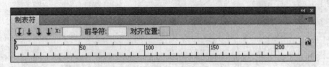

图7-56　"制表符"调板

（5）单击"制表符"调板中的"居中对齐制表符"按钮↓，并在标尺上单击创建第1个制表符，如图7-57所示。

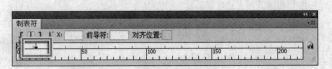

图7-57　创建第1个制表符

（6）在"制表符"调板中，参照图7-58所示，设置"X"文本框中的数值，使第一个Tab空格与第一个制表符对齐。

（7）使用相同的方法，继续添加其他制表符，并且每个制表符之间的距离是相等的，如图7-59所示。

（8）参照图7-60所示将页面中的段落文本选中。

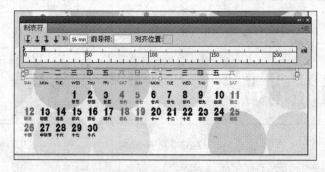

图7-58 设置制表符的位置

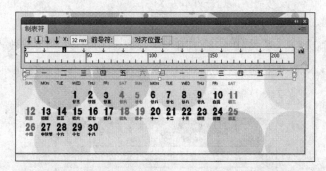

图7-59 添加其他制表符

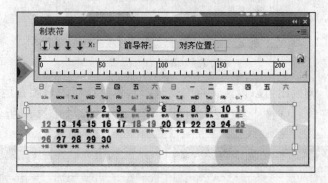

图7-60 选中段落文本

（9）单击"制表符"调板中的"将面板置于文本上方"按钮 🏠，使制表符和文本对齐，如图7-61所示。

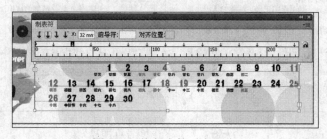

图7-61 使制表符对齐文本

（10）使用相同的方法，继续使用"制表符"调板，将其他文本框中的文本对齐，如图7-62所示。

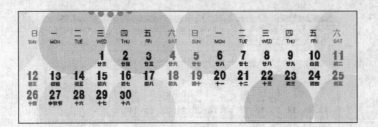

图7-62　对齐文本

下面介绍"制表符"调板中其他选项的含义。

- 左对齐制表符 ↓：该按钮可以使文本左对齐。
- 右对齐制表符：该按钮可以使文本右对齐。
- 小数点对齐制表符：该按钮主要使用于数字，可以使数字的小数点对齐。
- 前导符：在该文本框中输入符号，可以在制表符的范围内重复显示符号，如图7-63所示。

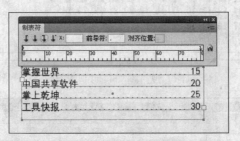

图7-63　移动锚点位置

使用"制表符"调板还可以设置文本的缩进，具体操作时，只要在适合的位置设置制表符后，将光标定位在段首并按下Tab键，即可实现首行缩进，如图7-64所示。

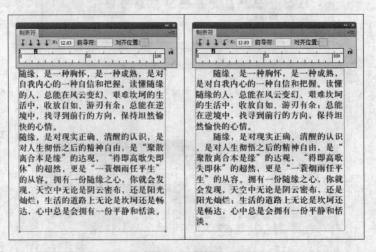

图7-64　设置文本的首行缩进

制表符有两个滑块，在选中文本的情况下，拖动上面的滑块可设置首行缩进，拖动下面的滑块则可设置悬挂缩进，如图7-65所示。

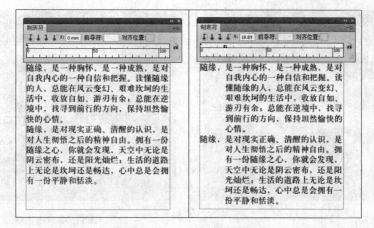

图7-65 设置文本的悬挂缩进

7.4 实例：图案设计（文本转换为轮廓）

将文本转换为轮廓后，可以像其他图形对象一样进行渐变填充、编辑外观等操作，可以创建更多的特殊效果。

接下来通过实例图案设计的制作，来讲述"创建轮廓"命令的使用方法。制作完成的效果如图7-66所示。

图7-66 完成效果

（1）执行"文件"|"打开"命令，打开"配套素材\Chapter-07\蓝色背景.ai"文件，如图7-67所示。

（2）使用"文字工具" T 在页面中输入文本"Illustrator"，参照图7-68所示设置文本的字体和大小。

（3）选择文本，执行"文字"|"创建轮廓"命令，将文本转换为图形，如图7-69所示。

（4）参照图7-70所示，在"渐变"调板中为字样图形添加渐变填充效果，并调整图形位置，如图7-71所示。

图7-67　素材文件

图7-68　输入文字

图7-69　将文本转换为轮廓

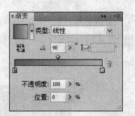

图7-70　"渐变"调板

提示　当文本转换为图形后，字样图形为群组状态，如果需要对单个文字进行编辑，只有取消群组后才可以执行其他操作。

（5）执行"文件"|"打开"命令，打开"配套素材\Chapter-06\肌理图形.ai"文件，如图7-72所示。

图7-71　为字样图形添加渐变填充效果

图7-72　素材文件

（6）将素材文件中的所有图形复制到"蓝色背景.ai"文件中，调整副本图形的位置，如图7-73所示。

（7）选取页面中部分图形，单击"路径查找器"调板中的"减去顶层"按钮，修剪图形，如图7-74所示。

图7-73　复制图形

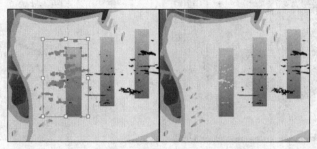

图7-74　修剪图形

（8）使用相同的方法，继续修剪其他图形，得到图7-75所示效果。

图7-75　继续修剪图形

7.5　实例：宣传广告（文本链接和分栏）

如果段落文本的文本框过小，将不能显示所有的文本，这时文本框上会显示一个红色的加号囗，创建文本链接可以显示隐藏的文本。这样设置后文本框为链接状态，设置第一个文本框的大小，其他文本框中的内容也会改变。

接下来通过制作宣传广告的实例，来详细讲述链接文本的方法。该实例的制作完成效果如图7-76所示。

图7-76　完成效果

1. 文本链接

（1）执行"文件"I"打开"命令，打开"配套素材\Chapter-07\广告背景.ai"文件，如图7-77所示。

（2）选中页面中的段落文本，参照图7-78所示在"字符"调板中设置段落文本的格式，得到图7-79所示效果。

图7-77　素材文件

图7-78　"字符"调板

（3）保持页面中段落文本为选择状态，参照图7-80所示在段落文本中单击红色加号，鼠标指针将变为▄状态。

图7-79　为段落文本设置格式

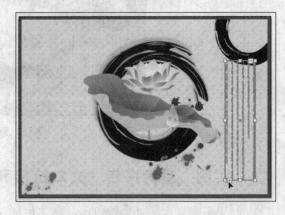

图7-80　将段落文本选中

图7-81　创建链接文本

（4）参照图7-81所示，在页面相应位置单击创建新的文本框，这时文本框将显示隐藏的文本，效果如图7-82所示。

（5）单击并拖动文本框的控制柄，调整文本框的大小，如图7-83所示。

图7-82　文本链接效果

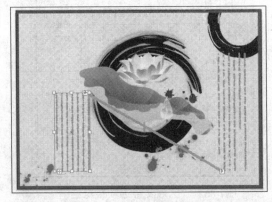

图7-83　调整文本框的大小

（6）使用相同的方法，显示其他隐藏的文本，如图7-84所示。

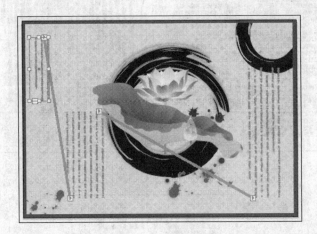

图7-84　创建文本链接

（7）最后使用"文本工具" T 为页面添加其他文本，并对部分文本进行编辑，效果如图7-85所示。

图7-85　继续添加文本

2. 区域文本的设置

选择需要设置的文本框，执行"文字"｜"区域文字选项"命令，打开"区域文字选项"对话框，如图7-86所示。在该对话框中可以对文本框或路径中的文本进行设置。

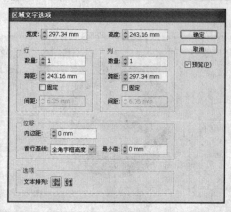

图7-86　"区域文字选项"对话框

- 宽度：设置文本框的宽度。
- 高度：设置文本框的高度。
- 数量：设置文本框中分栏的栏数。在"行"选项组中设置竖排文本分栏的栏数，在"列"选项组中设置横排文本分栏的栏数，如图7-87所示。
- 跨距：设置每一栏的宽度，如图7-88所示。
- 间距：设置栏与栏之间的距离。
- 内边距：设置文本和文本框的距离。

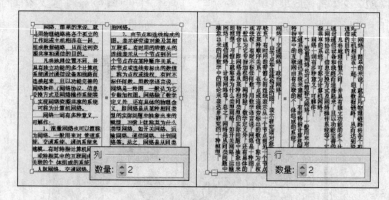

图7-87　设置文本的栏数

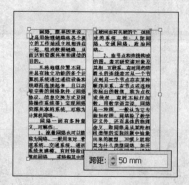

图7-88　设置栏宽

- 文本排列：当"行"和"列"组中"数量"的参数都不大于1时，设置各个栏的排列顺序。

7.6　实例：儿童刊物（设置文本样式和图文混排）

可以对多个不同的文本快速地使用同一个样式，对样式进行设置可以更改与其相链接的文本的外观。文本样式包括"字符样式"和"段落样式"。"字符样式"存储文字的样式；"段落样式"存储段落的样式。

下面通过儿童刊物实例的制作，详细介绍存储和应用文本样式的方法。该实例的完成效果如图7-89所示。

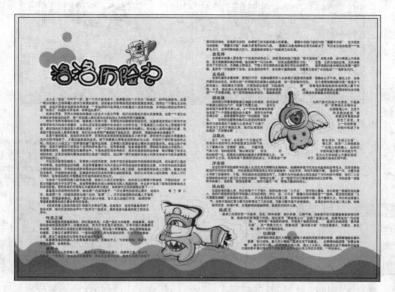

图7-89 完成效果

1. 图文混排

（1）执行"文件"|"打开"命令，打开"配套素材\Chapter-07\刊物.ai"文件，如图7-90所示。

图7-90 素材文件

（2）选取页面中相应的图形，执行"对象"|"文本绕排"|"建立"命令，使文本围绕图形排列，如图7-91所示。

（3）保持图形的选择状态，执行"对象"|"文本绕排"|"文本绕排选项"命令，打开"文本绕排选项"对话框，参照图7-92所示设置参数，调整文字和图形之间的距离，得到图7-93所示效果。

图7-91　创建文本绕排

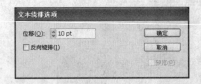

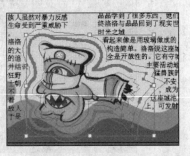

图7-92　"文本绕排选项"对话框　　　　　图7-93　设置位移效果

（4）使用相同的方法，为其他图形添加文本绕排效果，如图7-94所示。

图7-94　创建文本绕排

2. 设置字符样式

（1）选择页面中所有的文字，参照图7-95所示设置文字的大小。

（2）选择页面中相应文字，参照图7-96所示为文字设置颜色、字体和大小。

（3）执行"窗口"|"文字"|"字符样式"命令，打开"字符样式"调板，如图7-97所示。

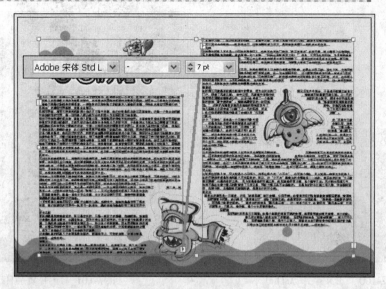

图7-95 设置文字的大小

图7-96 设置文字格式　　　　　　　　　图7-97 "字符样式"调板

（4）保持"时光之城"文字为选择状态，单击"字符样式"调板底部的"创建新样式"按钮 ，新建"字符样式1"，如图7-98所示。

> **提示** 在创建新字符样式时，如果需要将设置好的样式定义为新字符样式，单击"创建新样式"按钮 之前，一定要确定文字是被选择的。

（5）选择页面中相应文字，单击"字符样式"调板中新建的"字符样式1"，如图7-99和图7-100所示为文字添加样式。

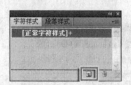

图7-98 创建字符样式　　　　　　　　　图7-99 "字符样式"调板

> **注意** 为文字添加样式时，样式的名称中不可以出现加号，如果出现则表示没有完全应用该样式，再次单击即可将该样式应用于文本。

（6）使用相同的方法，参照图7-101所示为其他文字添加字符样式。

图7-100　为文字添加样式　　　　　　　图7-101　应用文字样式

如果需要对存储的字符样式进行设置，在"字符样式"调板中双击字符样式名称，打开"字符样式选项"对话框，如图7-102所示。

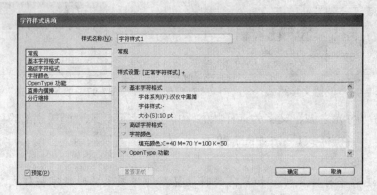

图7-102　"字符样式选项"对话框

3. 设置段落样式

（1）选择页面中的段落文本，参照图7-103所示设置文字的颜色、字体和大小。

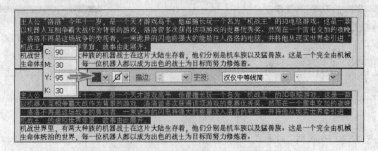

图7-103　设置文字的格式

（2）参照图7-104所示，在"段落"调板中设置文本的段落格式，得到图7-105所示效果。

图7-104　"段落"调板

图7-105　设置段落格式

（3）执行"窗口"|"文字"|"段落样式"命令，打开"段落样式"调板，如图7-106所示。

（4）参照图7-107所示将文本选中，单击"段落样式"调板底部的"添加新样式"按钮，新建"段落样式1"，如图7-108所示。

图7-106　"段落样式"调板

图7-107　选择段落文本

（5）选择页面中所有的文本，单击"段落样式"调板中的"段落样式1"，为文本添加段落样式，如图7-109所示。

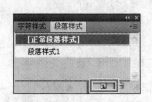

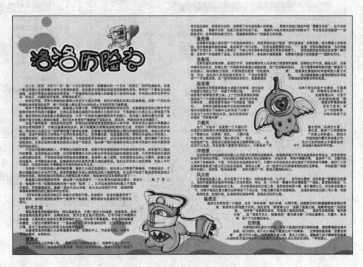

图7-108　创建段落样式

图7-109　为文本添加段落样式

4. 查找和替换字体

（1）执行"文字"|"查找字体"命令，打开"查找字体"对话框，如图7-110所示。

（2）参照图7-111所示在"文档中的字体"选项中，选择需要替换的字体。

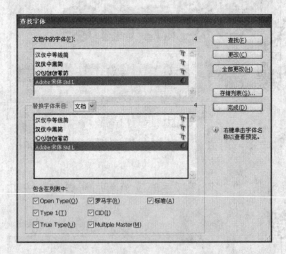
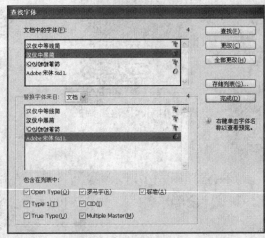

图7-110　"查找字体"对话框　　　　　　图7-111　选择替换字体

（3）接下来设置"替换字体来自"选项，在下拉列表框中选择"系统"，显示所有字体，并在列表框中选择需要的字体，如图7-112所示。

（4）参照图7-113所示在"查找字体"对话框中，单击"查找"按钮，选择需要更改的文字，如图7-114所示。

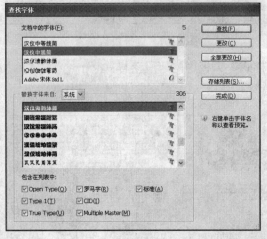
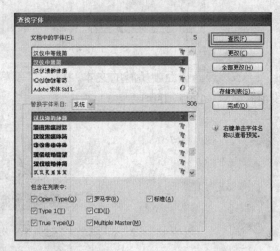

图7-112　选择需要的字体　　　　　　　图7-113　单击"查找"按钮

（5）单击"查找字体"对话框中的"更改"按钮，如图7-115所示，更改选中文本的字体，并且选择下一个需要更改字体的文本，如图7-116所示效果。

（6）单击"查找字体"对话框中的"全部更改"按钮，更改文档中所有需要更改字体的文本，如图7-117所示。更改完成后，单击"完成"按钮，关闭对话框，完成本实例的制作。

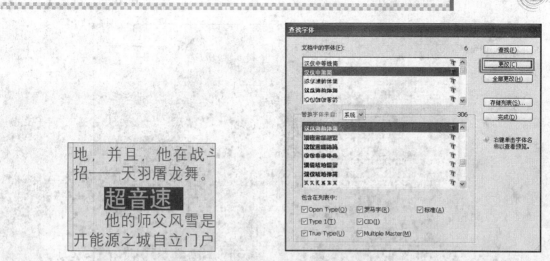

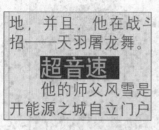

图7-114 选择文字

图7-115 单击"更改"按钮

图7-116 更改字体

图7-117 全部更改字体

7.7 实例：服装杂志设计（输入特殊字符）

在"字符"调板中提供了大量的特殊字符符号，这些符号是以文本的形式输入到文档中的，具有文本的属性。

下面通过实例服装杂志设计的制作，为读者介绍插入特殊字符的方法。该实例的完成效果如图7-118所示。

（1）执行"文件"|"打开"命令，打开"配套素材\Chapter-07\字形.ai"文件，如图7-119所示。

图7-118 完成效果

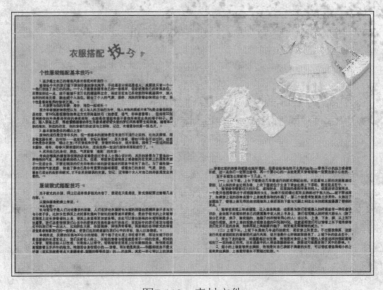

图7-119 素材文件

　　（2）执行"文字"|"显示隐藏字符"命令，显示文档中隐藏的字符符号，如图7-120所示，其中¶符号为回车符，▪符号为全角空格。这时可以看到文档中有多余的空格，将其删除。

　　（3）使用"文字工具" T 在文本框中单击，插入光标，执行"文字"|"字形"命令，打开"字形"调板，双击其中一个特殊字符，即可将字符插入到文本中，如图7-121和图7-122所示。

　　（4）按下Esc键，完成文本框的编辑。继续使用"文字工具" T 在页面中单击，插入光标，创建新的文本，如图7-123所示。

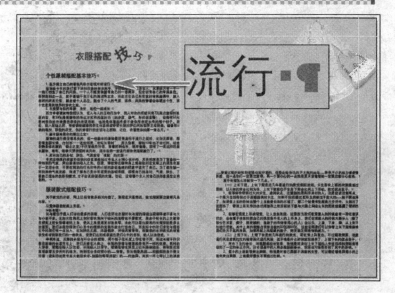

图7-120　显示隐藏字符

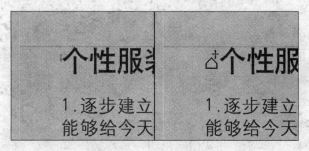

图7-121　插入特殊字符

图7-122　"字形"调板

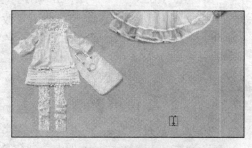

图7-123　插入光标

（5）执行"文字"|"字形"命令，打开"字形"调板，如图7-124所示，双击插入特殊字符符号，如图7-125所示。

（6）参照图7-126所示，设置字符的大小与颜色。

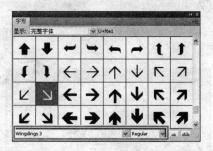

图7-124　"字形"调板

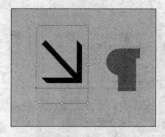

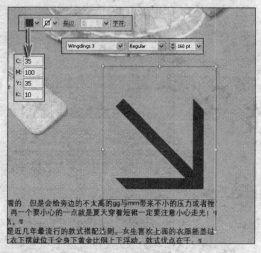

图7-125　插入字符

图7-126　设置字符

7.8 "智能标点"命令的作用

"文字"菜单中的"智能标点"命令可搜索键盘标点字符，并将其替换为相同的印刷体标点字符。此外，如果字体包括连字符和分数符号，则可以使用"智能标点"命令统一插入连字符和分数符号。执行"文字"|"智能标点"命令，弹出"智能标点"对话框，如图7-127所示。

下面介绍"智能标点"对话框中各个选项的含义。

- "ff、fi、ffi连字"：将ff、fi或ffi字母组合转换为连字。
- "ff、fl、ffl连字"：将ff、fl或ffl字母组合转换为连字。
- "智能引号"：将键盘上的直引号改为弯引号。
- "智能空格"：消除句号后的多个空格并替换为一个空格。
- "全角、半角破折号"：用半角破折号替换两个键盘破折号，用全角破折号替换3个键盘破折号。
- "省略号"：用省略点替换3个键盘句点。
- "专业分数符号"：用同一种分数字符替换分别用来表示分数的各种字符。

设置完毕后，单击"确定"按钮，将会弹出一个提示对话框，如图7-128所示。其中描述了对文本中的标点做出了怎样的替换或修正（符号不同，描述内容跟随变化），单击"确定"按钮，关闭该对话框。在显示提示对话框的同时，符号已经替换或修正完毕，用户可在页面中观看到效果。

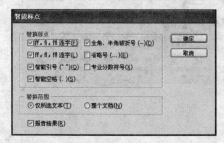

图7-127　"智能标点"对话框

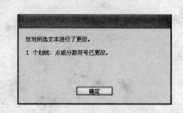

图7-128　提示对话框

7.9　如何对罗马字符使用连字

在"段落"调板中勾选"连字"复选框，即可启用自动连字符连接，单击"段落"面板右上角的 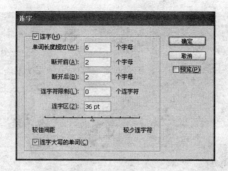按钮，从弹出的菜单中选择"连字"命令，可弹出"连字"对话框，用户在其中可详细设置各个选项，如图7-129所示。

图7-129　"连字"对话框

下面介绍"连字"对话框中各个选项的含义。

• 单词长度超过几个字母：指定用连字符连接的单词的最少字符数。

• 断开前几个字母和断开后几个字母：指定可被连字符分隔的单词开头或结尾处的最少字符数。例如，将这些值指定为3时，"aromatic"将断为"aro-matic"，而不是"ar-omatic"或"aromat-ic"。

• 连字符限制：指定可进行连字符连接的最多连续行数。0表示行尾处允许的连续连字符没有限制。

• 连字区：从段落的右边缘指定一定边距，划分出文字行中不允许进行连字的部分。设置为0时允许所有连字。此选项只有在使用"Adobe 单行书写器"时才可使用。

• 连字大写的单词：勾选此复选框可防止用连字符连接大写的单词。

课后练习

1. 设计制作小册子，效果如图7-130所示。

图7-130　小册子

要求：

（1）创建点文字。

（2）将文本转换为图形。

（3）设置文字的样式。

（4）应用和存储字符样式。

2. 设计制作杂志内页，效果如图7-131所示。

图7-131　杂志内页

要求：

（1）创建段落文本。

（2）设置段落样式。

（3）存储和应用段落样式。

（4）图文混排。

第8课

图表的编辑

本课知识结构

在Illustrator CS4的工具箱中提供了多个不同的图表工具，利用这些工具可以创建出各种不同类型的图表，并可以在创建图表后进行再编辑，如定义图表的坐标轴，或者为图表设置图例的位置等。

就业达标要求

★ 创建各种图表   ★ 对图表进行设置
★ 为图表设置颜色   ★ 为图表添加图案

8.1 实例：工作量统计表（创建图表）

在工具箱中包括9个图表工具，这些工具可以创建9种不同的图表。工具的使用方法相同，都是先设置图表的大小，再输入数据。在这里不在一一介绍每个工具的使用方法，就以"柱形工具"为例详细介绍创建图表的方法。

下面以创建工作量统计表为例，为读者详细介绍创建图表的方法和设置图表颜色的方法。该实例的完成效果如图8-1所示。

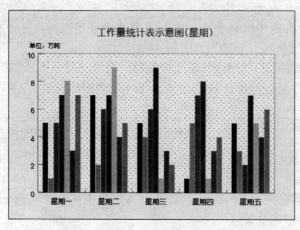

图8-1 完成效果

1. 图表工具

（1）在Illustrator CS4中，执行"文件"|"打开"命令，打开"本书配套素材\Chapter-

08\素材01.ai"文件，如图8-2所示。

图8-2　素材文件

（2）选择工具箱中的"柱形图工具" ，在页面中单击，打开"图表"对话框，设置图表的宽度和高度，如图8-3所示。单击"确定"按钮，这时弹出"图表数据输入"对话框，如图8-4所示。

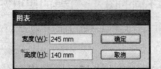

图8-3　"图表"对话框

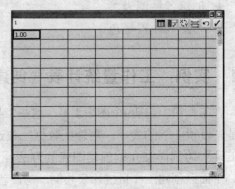

图8-4　"图表数据输入"对话框

注意　创建后的图表不可以调整大小。如果需要调整图表的大小，需要将图表扩展。

（3）单击对话框顶部的"导入数据"按钮，打开"导入图表数据"对话框，选择"配套素材\Chapter-08\工作量数据统计.txt"文件，单击"打开"按钮，将工作量数据导入，如图8-5所示。

（4）参照图8-6所示单击"换位行\列"按钮，将行与列中的数据对换。

（5）单击右上角的"应用"按钮，将数据应用到图表中，并关闭对话框，效果如图8-7所示。

（6）选择"编组选择工具"，在数值文本上单击两次，将数值轴上的数值选中，参照图8-8所示设置文字的字体和大小。

（7）使用相同的方法，继续为类别轴上的文本设置格式，如图8-9所示。

星期一	星期二	星期三	星期四	星期五
5.00	7.00	5.00	1.00	5.00
1.00	2.00	4.00	5.00	3.00
5.00	6.00	6.00	7.00	2.00
7.00	7.00	9.00	8.00	7.00
8.00	9.00	1.00	1.00	5.00
3.00	4.00	3.00	3.00	4.00
7.00	5.00	2.00	4.00	6.00

图8-5 导入数据

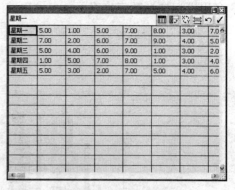

图8-6 调整数据位置

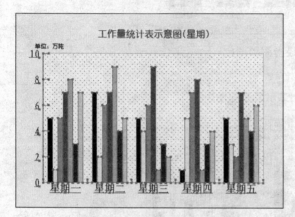

图8-7 将数据应用到图表中

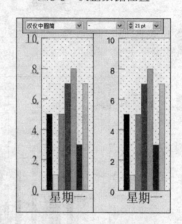

图8-8 设置文字的格式

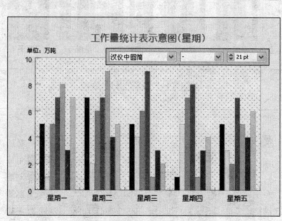

图8-9 继续设置文字的格式

（8）在图形上单击两次，将图表中颜色相同的矩形选中，参照图8-10所示设置图形的颜色和描边。

（9）使用相同的方法，设置其他图形的颜色和描边，如图8-11所示。

2. 图表类型

使用"堆积柱形图工具" 可以创建堆积柱形图表。堆积柱形图表与柱形图表可以显示出相同数量的信息，只是显示的方式不同。柱形图表显示的是单一数据的比较，堆积柱形图表则是将全部的数据汇总，并对总数进行比较，如图8-12所示。因此，在进行数据总量比较时，多用堆积柱形图表来表示。

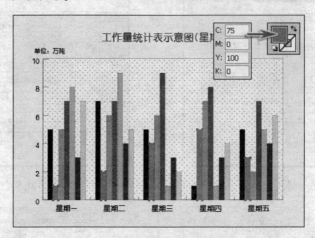

图8-10　设置图形颜色

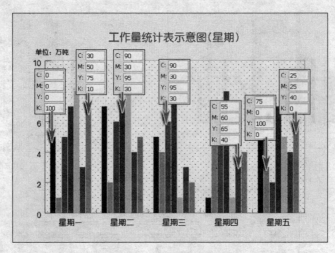

图8-11　设置图形颜色

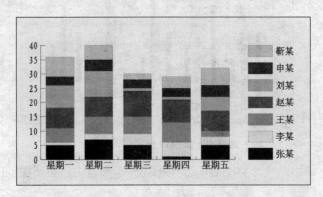

图8-12　堆积柱形图表

使用"条形图工具"可以创建条形图表。条形图表与柱形图表类似，只是柱形图是以垂直方向上的矩形显示图表中的各组数据，而条形图是以水平方向上的矩形来显示图表中数据的，如图8-13所示。

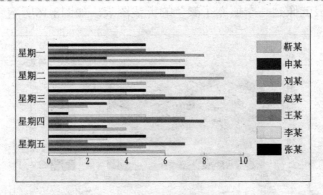

图8-13　条形图表

使用"堆积条形图工具"可以创建堆积条形图表。堆积条形图表与堆积柱形图表相似，但是堆积条形图是以水平方向的矩形条来显示数据总量的，与堆积柱形图表正好相反，如图8-14所示。

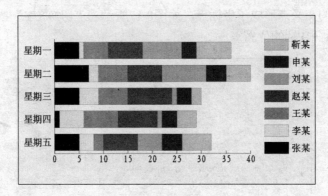

图8-14　堆积条形图表

使用"折线图工具"可以创建折线图表。折线图表可以显示出某种事物随时间变化的趋势，并且很明显地表现出数据的变化走向，这样可以了解事物发展过程的主要变化特性。折线图表也是一种比较常见的图表，如图8-15所示。比如，医院里的体温变化图和证券交易所中的股市行情图等。折线图表可以给人以很直接、很明了的视觉效果。

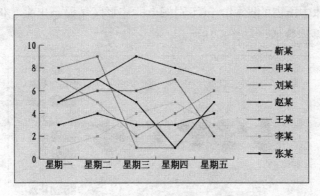

图8-15　折线图表

使用"面积图工具"可以创建面积图表。面积图表可以用点来表示一组或多组数据，并通过不同折线连接图表中所有的点，从而形成面积区域，并且将折线内部填充为不同的颜色。实质上面积图表就像是一个填充了颜色的折线图表，如图8-16所示。

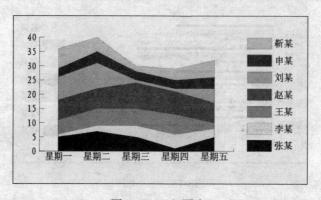

图8-16　面积图表

　　使用"散点图工具" 可以创建散点图表。散点图表和其他图表不太一样，散点图表可以将两种有对应关系的数据同时在一个图表中表现出来。散点图表的横坐标与纵坐标都是数据坐标，两组数据的交叉点形成了坐标点，如图8-17所示。"切换X/Y"按钮 是专为散点图设计的，可调整X轴和Y轴的位置。

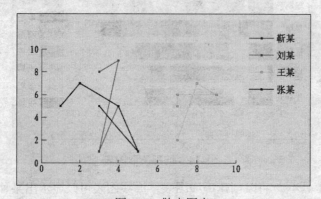

图8-17　散点图表

　　使用"饼图工具" 可以创建饼形图表。饼形图表是一种常见的图表，适合于一个整体中各组成部分的比较，该类图表应用的范围比较广。饼形图表的数据整体显示为一个圆，每组数据按照其在整体中所占的比例，以不同颜色的扇形区域显示出来。但饼形图表不能准确地显示出各部分的具体数值，如图8-18所示。

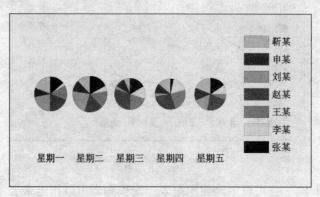

图8-18　饼形图表

使用"雷达图工具" ⊚可以创建雷达图表。雷达图表是以一种环形的形式对图表中的条组数据进行比较，形成比较明显的数据对比，雷达图表适合表现一些变换悬殊的数据，如图8-19所示。

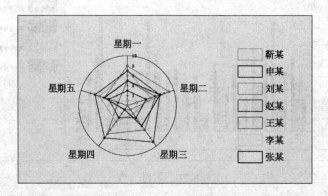

图8-19 雷达图表

8.2 实例：GPRS流量表（设置图表）

在本节中介绍设置图表的方法。对图表的设置主要在"图表类型"对话框中实现，在该对话框中不但可以设置图例的位置、数值轴的刻度，还可以为图表添加投影、更改图表的类型等。

下面通过制作GPRS流量表实例，详细介绍"图表类型"对话框。该实例的完成效果如图8-20所示。

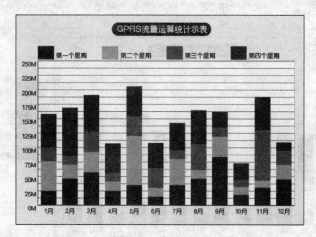

图8-20 完成效果

1. "图表类型"对话框

（1）执行"文件"|"打开"命令，打开"配套素材\Chapter-08\素材02.ai"文件，如图8-21所示。

（2）选中页面中的图表，执行"对象"|"图表"|"类型"命令，打开"图表类型"对话框，单击"堆积柱形图"按钮 ⬚ ，如图8-22所示。单击"确定"按钮，关闭对话框，设置图表类型，得到图8-23所示效果。

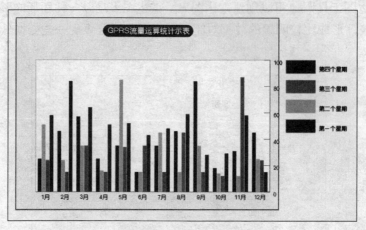

图8-21　素材文件

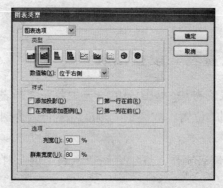

图8-22　"图表类型"对话框

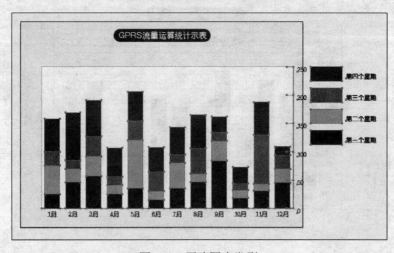

图8-23　更改图表类型

（3）再次打开"图表类型"对话框，参照图8-24所示，在"数值轴"下拉列表框中选择"位于左侧"，将数值轴调到左侧，如图8-25所示。

（4）参照图8-26所示在"图表类型"对话框中，勾选"在顶部添加图例"复选框，使图例图形位于图表的顶部，如图8-27所示。

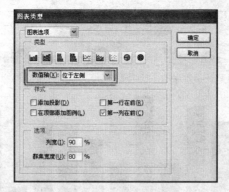

图8-24 "图表类型"对话框

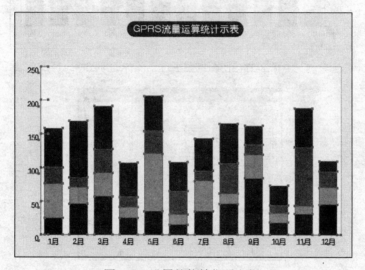

图8-25 设置数值轴位于左侧

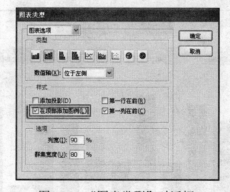

图8-26 "图表类型"对话框

2. 设置坐标轴

（1）在"图表类型"对话框顶部的下拉列表框中选择"数值轴"选项，参照图8-28所示，勾选"忽略计算出的值"复选框，并设置"刻度"选项的参数，效果如图8-29所示。

（2）参照图8-30所示在"图表类型"对话框中，设置"长度"选项为"全宽"，使刻度线与图表的宽度相等，如图8-31所示。

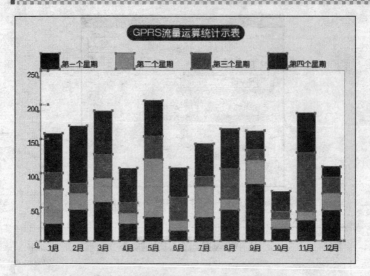

图8-27 使图例图形位于图标的顶部

图8-28 "图表类型"对话框

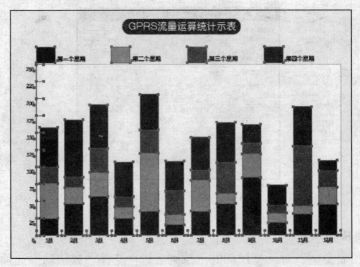

图8-29 设置数值轴

(3) 接下来在"图表类型"对话框中,设置"绘制"选项的参数,如图8-32所示。设置刻度与刻度之间的标记条数,效果如图8-33所示。

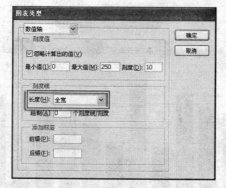

图8-30 "图表类型"对话框

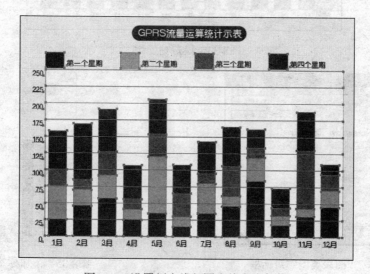

图8-31 设置刻度线与图表的宽度相等

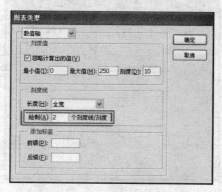

图8-32 "图表类型"对话框

（4）参照图8-34所示在"后缀"文本框中输入文本，在数值轴上的数值后添加文本，如图8-35所示。其中"前缀"选项，是在数值轴前面添加文本。

（5）最后在"图表类型"对话框中，设置其他选项的参数，如图8-36所示，从而完成本实例的绘制，效果如图8-37所示。

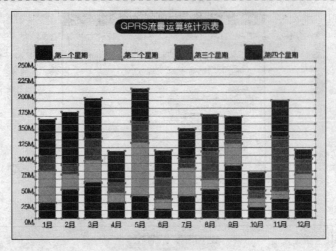

图8-33　设置刻度线

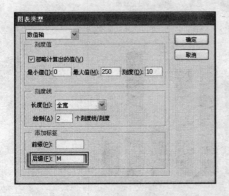

图8-34　"图表类型"对话框

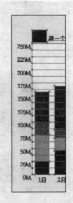

图8-35　添加标签

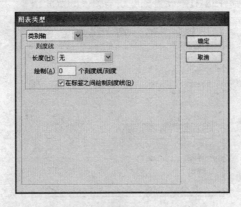

图8-36　"图表类型"对话框

接下来介绍"图表类型"对话框中各个选项的含义。

•刻度值：选择"忽略计算出的值"选项时，下方的3个数值框将被激活，"最小值"选项表示坐标轴的起始值，也就是图表原点的坐标值；"最大值"选项表示坐标轴的最大刻度值；"刻度"选项用来决定坐标轴上下分为多少部分。

•刻度线："长度"选项的下拉列表中包括3项，选择"无"选项表示不使用刻度标记；选择"短"选项表示使用短的刻度标记；选择"全宽"选项，刻度线将贯穿整个图表；"绘制"选项表示相邻两个刻度之间的标记条数。

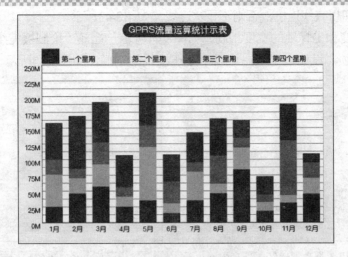

图8-37　设置其他参数效果

· 添加标签："前缀"选项是指在数值前加符号；"后缀"是指在数值后加符号。

每个图表都有一些附加选项可供选择，在"图表类型"对话框中选择不同的图表类型，其选项也各不相同。下面分别对各类型图表的选项进行介绍。

· 柱形图表、堆积柱形图表、条形图表、堆积条形图表：选项参数如图8-38所示。"列宽"选项设置每个柱形图的宽度，如图8-39所示；"群集宽度"选项设置所有柱形图形所占的宽度，如图8-40所示。

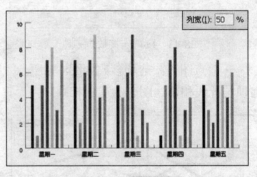

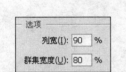

图8-38　柱形图表选项参数

图8-39　设置列宽

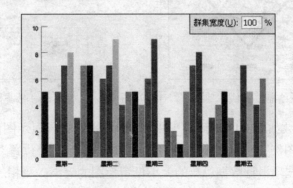

图8-40　设置群集宽度

· 折线图表、雷达图表：选项参数如图8-41所示。"标记数据点"选项为选择状态时数据点显示为正方形，否则直线段中间的数据点不显示，如图8-42所示。选择"连接数据点"

选项，数据点之间用直线连接，否则不显示连线，如图8-43所示。选择"线段边到边跨X轴"选项，折线的宽度和坐标轴的宽度相同，如图8-44所示。选择"绘制填充线"选项将激活下方的"线宽"选项，设置该选项，可以调整连接线的宽度，如图8-45所示。

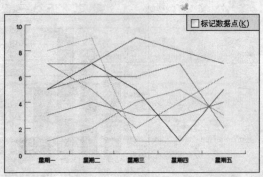

图8-41　折线图表和雷达图表选项参数　　　　图8-42　设置标记数据点

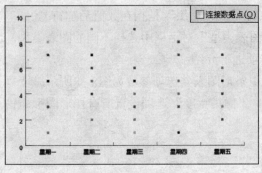

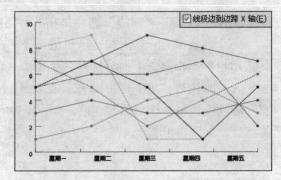

图8-43　设置连接数据点　　　　　　　图8-44　设置线段边到边跨X轴

· 散点图表：选项参数如图8-46所示。除了缺少"线段边到边跨X轴"选项之外，其他选项与折线和雷达图表的选项相同。

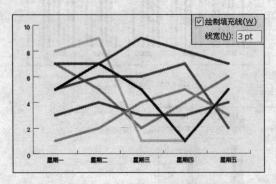

图8-45　设置绘制填充线　　　　　　　图8-46　散点图表选项参数

· 饼图：选项参数如图8-47所示。"图例"选项用于设置显示图例的方式，共有3种："无图例"、"标注图例"和"锥形图例"，如图8-48所示。"位置"选项用于设置饼图显示的方式，"比例"选项根据数据总数的大小设置形图的大小；"相等"选项使每个饼图的大小相等；"堆积"选项将所有的饼图叠加，如图8-49所示。"排列"选项设置扇形图形的排列方式，在其下拉列表中"全部"选项由大到小排列扇形；"第一个"选项将每个饼图中最大的扇形图形放在顺时针的第一个，其他的按输入顺序排列；"无"选项按输入数据时的状态顺时针排列扇形图形，如图8-50所示。

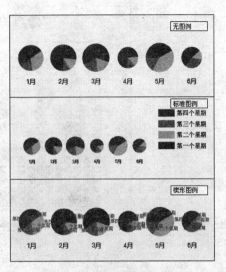

图8-48　显示图例的方式

图8-47　饼图选项参数

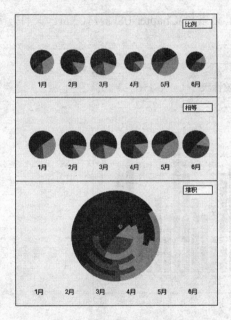

图8-49　设置"位置"选项效果

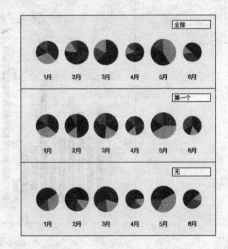

图8-50　设置扇形的排列顺序

8.3　实例：电子邮件数量统计表（图案图表）

通过执行"设计"命令可以将图形转换为图案，再执行"柱形图"命令将图案应用到图表中。要注意只有在柱形图表、堆积柱形图表、条形图表和堆积条形图表中才可以使用图案来显示数据。

下面通过制作电子邮件数量统计表实例，详细讲述使用图案装饰图表的方法。该实例的制作完成效果如图8-51所示。

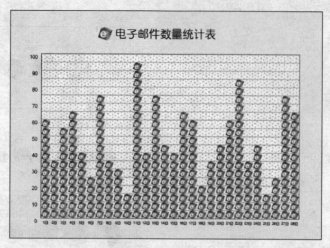

图8-51　完成效果

1. 自定义图表图案

（1）执行"文件"|"新建"命令，打开"配套素材\Chapter-08\素材03.ai"文件，如图8-52所示。

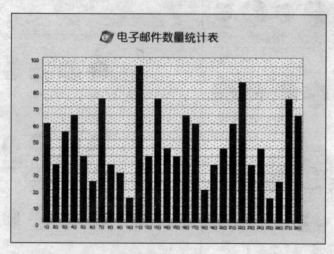

图8-52　素材文件

（2）参照图8-53所示将页面中的图形选中。

（3）执行"对象"|"图表"|"设计"命令，打开"图表设计"对话框，如图8-54所示。

图8-53　选择图形

图8-54　"图表设计"对话框

（4）在"图表设计"对话框中，单击"新建设计"按钮，将图形创建为图表图案，如图8-55所示。

（5）在"图表设计"对话框中，单击"重命名"按钮，打开"重命名"对话框，设置名称为"e图案"，如图8-56所示，单击"确定"按钮完成名称的设置，并关闭"图表设计"对话框。

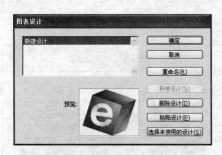

图8-55 新建图表图案

图8-56 设置图案名称

2. 应用图表图案

（1）选中页面中的图表，执行"对象"|"图表"|"柱形图"命令，打开"图表列"对话框，如图8-57所示，选择"e图案"，并设置对话框中的参数。

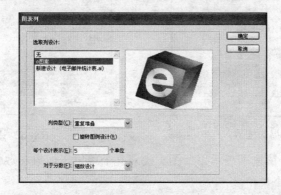

图8-57 "图表列"对话框

（2）设置好参数后，单击"确定"按钮，将自定义图案应用到图表中，如图8-58所示。

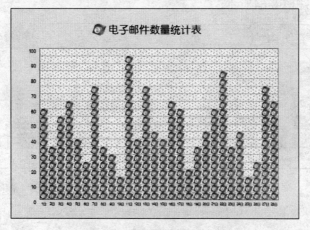

图8-58 应用图表图案效果

接下来介绍"图表列"对话框中各个选项的含义。

• 列类型：在该选项的下拉列表中包括4项，"垂直缩放"选项将根据数值的大小，对图表的自定义图案进行垂直方向上的放大与缩小，如图8-59所示；"一致缩放"使图案的高度和宽度同时缩放，并且高度为数据的位置，如图8-60所示；"局部缩放"把图案的一部分拉伸或压缩，如图8-61所示；"重复堆叠"选项以图案重复来表示数据，如图8-62所示。该选项要和"每个设计表示"选项、"对于分数"选项结合使用。

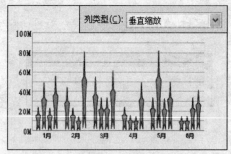

图8-59　垂直缩放

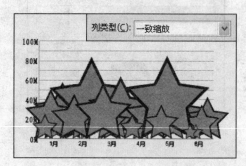

图8-60　一致缩放

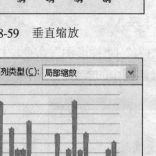

图8-61　局部缩放

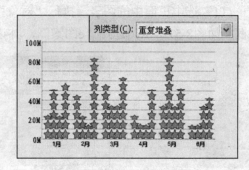

图8-62　重复堆叠

• 每个设计表示：该选项表示每个图案代表几个单位，如果在数值框中输入"10"，表示1个图案代表"10"个单位。

• 对于分数：在该选项的下拉列表中包括2项，"缩放设计"选项表示不足一个图案时，通过对最后那个图案成比例压缩来表示；"截断设计"选项表示不足一个图案由图案的一部分来表示，如图8-63和图8-64所示。

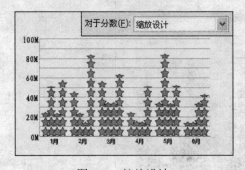

图8-63　缩放设计

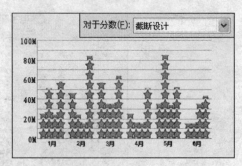

图8-64　截断设计

课后练习

1. 设计制作动漫产业市场规模图表，效果如图8-65所示。

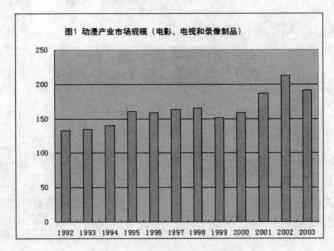

图8-65 动漫产业市场规模图表

要求：

（1）创建柱形图表。

（2）对图表进行设置。

2. 设计制作年度工作量统计表，效果如图8-66所示。

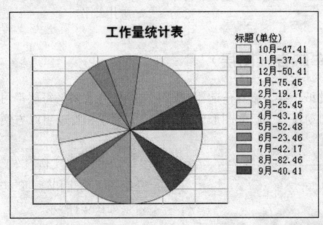

图8-66 年度工作量统计表

要求：

（1）创建饼形图表。

（2）对图表进行设置。

第9课

高级应用技巧

本课知识结构

在**Illustrator CS4**中，除了前几课通过实例展现的基本命令和工具外，还提供了一些特殊的高级应用技巧供用户在实际操作中使用。其中涵盖了图层的基本操作，也涉及到了"动作"调板的使用方法，这些技巧相对于其他命令与工具的用法来说，具有一定的难度，但编者相信通过本课实例的具体操作与知识点的解析，读者可以轻松地掌握。

就业达标要求

★ 隐藏和显示图层　　　　　★ 创建混合效果

★ 锁定和解锁图层　　　　　★ 创建颜色混合效果

★ 复制图层　　　　　　　　★ 创建封套效果

★ 创建剪切蒙版　　　　　　★ 编辑封套

★ 录制动作　　　　　　　　★ 应用动作

9.1　实例：汽车广告（图层）

图层就像透明的纸一样，叠在一起组成页面中的最终效果。每层都可以包含任意数量的图形，上层的图形自动覆盖下层的图形。通过图层的创建和管理可以方便地对当前图层的对象进行编辑和组织。

下面通过实例汽车广告的制作，来详细介绍图层创建和管理的方法。汽车广告完成效果如图9-1所示。

1. "图层"调板

对图层的创建和管理都是在"图层"调板中进行的。执行"窗口"|"图层"命令，打开"图层"调板，如图9-2所示。

·眼睛图标👁：在"图层"调板上，图层名的前面都有一个眼睛图标👁，表示该图层能在页面上显示出来，如果用鼠标单击眼睛图标👁，该层就会被隐藏起来，该层的内容便不能显示和编辑。

图9-1　完成效果

· 锁定图标🔒：如果在图层眼睛图标后面有一个锁定图标🔒，表示该层已经被锁定，不能再对其进行编辑工作。

· 创建新图层 🔲：用于创建一个新图层。

· 删除所选图层 🗑：用于删除一个选定的图层。

· 创建新子图层 🔳：用于在当前图层上新建一个子图层。

· 建立/释放剪切蒙版 🔲：用于在当前图层上创建或释放一个蒙版。

在"图层"调板中，单击右上角的调板按钮，弹出一个快捷菜单，在该菜单中包含了一些图层操作命令，如图9-3所示。

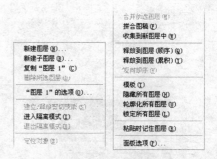

图9-2 "图层"调板　　　　　　　　图9-3 快捷菜单

2. 图层的操作

（1）在Illustrator CS4中，执行"文件"|"打开"命令，打开"配套素材\Chapter-09\广告背景.ai"文件，如图9-4所示。

（2）单击"图层"调板右上角的 ▣ 按钮，在弹出的快捷菜单中选择"新建图层"命令，打开"图层选项"对话框，保持对话框的默认状态，单击"确定"按钮，新建"图层3"，如图9-5、图9-6所示。

图9-4 素材文件　　　　　　　　图9-5 "图层选项"对话框

注意 单击"图层"调板底部的"创建新图层"按钮，可以直接创建一个新图层。

下面介绍"图层选项"对话框各个选项的含义。

- 名称：设置图层的名称。
- 颜色：设置图层中图形被选中后显示的边框颜色。
- 模板：选择该选项，创建的图层为模板图层。
- 锁定：选择该选项，创建的图层将会被锁定，无法对其进行编辑。
- 显示：取消该选项的选择，创建的图层为不显示状态。
- 打印：选择该选项，创建的图层中的内容可以打印出来。
- 预览：取消该选项的选择，图层中的图形只显示轮廓，如图9-7所示。

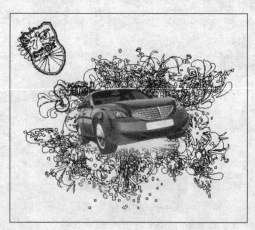

图9-6　新建"图层 3"　　　　　　　　图9-7　显示轮廓

（3）使用"文字工具" T 为页面添加文本，如图9-8所示。观察"图层"调板可以发现，添加的文本信息在新建的"图层 3"中，如图9-9所示。

图9-8　添加文本　　　　　　　　　图9-9　添加文本效果

（4）接下来拖动"图层 3"到"图层"调板底部的"创建新图层" 按钮上，这时鼠标指针变为 状态，释放鼠标后，即可将该图层复制，如图9-10、图9-11所示。

图9-10　复制图层　　　　　　　　　图9-11　复制图层效果

（5）单击"图层 1"将其选中，如图9-12所示。按住键盘上的**Ctrl**键的同时单击"图层 3"，可以将不连续的图层选中，如图9-13所示。

（6）参照图9-14所示，选择"图层 2"，按住键盘上的**Shift**键单击"图层 3_复制"图层，可以将"图层 2"和"图层 3_复制"图层之间的图层全部选中，如图9-15所示。

图9-12 选择"图层 1"

图9-13 选择多个不连续的图层

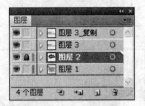
图9-14 选择"图层 2"

（7）在"图层"调板中，拖动"图层 1"到"图层 2"的上方位置，调整图层顺序，如图9-16、图9-17和9-18所示。

图9-15 选择多个连续的图层

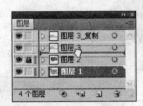
图9-16 移动图层

图9-17 移动图层效果

（8）选中"图层 2"和"图层 3"，单击"图层"调板右上角的 ▤ 按钮，在弹出的快捷菜单中选择"合并所选图层"命令，将两个图层中的图形合并到一个图层中，如图9-19和图9-20所示。

图9-18 移动后的图形效果

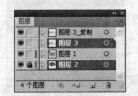
图9-19 选择图层

（9）选择"图层 3_复制"图层，单击"图层"调板底部"删除所选图层"按钮 ▥ ，这时弹出提示对话框，单击"是"按钮，将图层删除，如图9-21、图9-22所示。

（10）参照图9-23所示选取页面中相应的图形，此时在"图层"调板中"图层 1"右侧出现彩色方块，如图9-24所示。

图9-20　合并图层

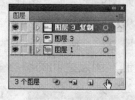

图9-21　删除图层

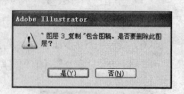

图9-22　提示对话框

图9-23　选择图形

图9-24　出现彩色方块

（11）拖动"图层 1"右侧彩色方块到"图层 3"中，将"图层 1"中的图形移动到"图层 3"中，如图9-25和图9-26所示。

图9-25　移动图形

图9-26　完成效果

3. "图层"调板菜单中的命令

下面介绍"图层"调板菜单中各个命令的作用。

• 新建图层：创建新图层。

• 新建子图层：创建新的子图层。

• 复制所选图层：复制当前选择的图层。

- 删除所选图层：将所选图层删除。
- 所选图层的选项：更改当前图层的属性。
- 定位对象：展开图层中的图形，显示当前选择图形的位置，如图9-27、图9-28所示。

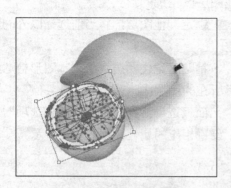 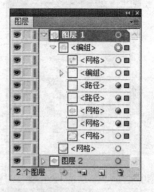

图9-27 选择的图形　　　　　　　　　　　图9-28 定位对象效果

- 合并所选图层：将两个以上的图层内容合并到最顶层的图层中。
- 拼合图稿：将当前文档中所有图层中的内容合并到同一个图层中，图9-29所示。

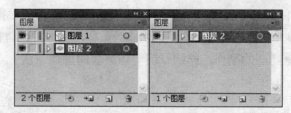

图9-29 拼合图稿

- 收集到新图层中：创建一个新的图层，并将当前选择的图层作为新图层的子图层。
- 释放到图层：将当前选择的图形，放置到新图层中。
- 反向顺序：将选择图层的顺序反转，如图9-30和图9-31所示。

图9-30 调整图层顺序

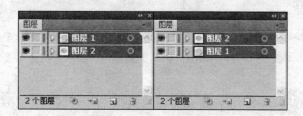

图9-31 反向顺序

- 模板：将当前图层更改为模板图层。
- 隐藏其他图层：将当前选择以外的图层隐藏。

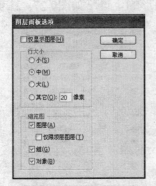

图9-32 "图层面板选项"对话框

- 轮廓化其他图层：只显示选择的图层，其他图层以轮廓的形式显示。
- 锁定其他图层：将当前选择以外的图层锁定。
- 粘贴时记住图层：将副本图形粘贴到原图形所在的图层中。
- 面板选项：打开"图层面板选项"对话框，设置相应的属性，如图9-32所示。

9.2 实例：光盘封面（剪切蒙版）

剪切蒙版是一个可以用形状遮盖其他图形的对象，因此使用剪切蒙版，只能看到蒙版形状区域内的图形，从外观上来说，就是将图形裁剪为蒙版的形状。根据编辑的方式不同，可以将剪切蒙版分为两种，一种是将选择的图形创建为蒙版，另一种是将整个图层创建为蒙版。

下面通过实例光盘封面的制作，详细介绍剪切蒙版的创建方法。本实例的制作完成效果如图9-33所示。

1. 图形剪切蒙版

（1）执行"文件"|"打开"命令，打开"配套素材\Chapter-09\卡通形象.ai"文件，如图9-34所示。

图9-33 完成效果

图9-34 素材文件

（2）在"图层"调板中选择"图层 1"，使用"椭圆工具" 绘制同心圆，如图9-35所示。

（3）选取绘制的同心圆图形，单击"路径查找器"调板中的"剪去顶层"按钮 ，修剪图形为镂空效果，如图9-36所示。

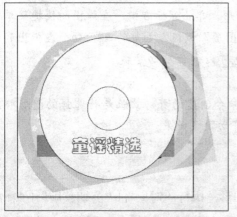

图9-35 绘制图形

图9-36 修剪同心圆

（4）单击"图层"调板底部的"创建/释放剪切蒙版"按钮 ，如图9-37所示，使该图形以外的图形隐藏，并显示重叠部分，效果如图9-38所示。

图9-37 "图层"调板

图9-38 创建剪切蒙版

 使用"创建/释放剪切蒙版"按钮 创建的蒙版是将当前图层整个设置为一个蒙版。即使再次创建图形，图形也只有在剪贴路径内才可以显示。

2. 文本剪切蒙版

选取"图层 2"中的图形，执行"对象"|"剪切蒙版"|"建立"命令，创建剪切蒙版，使文字以外的图形隐藏，得到图9-39所示效果。

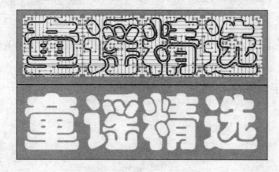

图9-39 创建文本剪切蒙版

使用"选择工具"选中需要蒙版的图形，单击鼠标右键，在弹出的快捷菜单中选择"建立剪切蒙版"命令，或者单击"图层"调板右上角的按钮，在弹出的快捷菜单中选择"创建剪切蒙版"命令，也可以制作剪切蒙版。

 使用"对象"|"剪切蒙版"|"建立"命令创建的剪切蒙版是将选择的图形群组。将图形添加到群组中，可使图形应用剪切蒙版效果。

3. 释放剪切蒙版

释放剪切蒙版的方法比较简单，选择蒙版图形，执行"对象"|"剪切蒙版"|"释放"命令，即可释放剪切蒙版，如图9-40、图9-41所示。

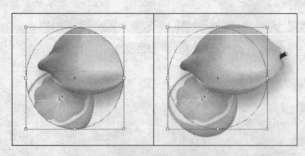

图9-40　释放剪切蒙版效果

图9-41　释放剪切蒙版

9.3　实例：化妆品广告（混合效果）

混合效果可以将图形的形状、颜色同时混合，并且在两个图形之间平均分布，从而产生光滑过渡的效果。

创建混合效果可以使用命令，也可以使用工具。下面通过实例化妆品广告的制作，来具体介绍混合效果的创建方法。该实例的制作完成效果如图9-42所示。

1. 创建混合效果

（1）执行"文件"|"打开"命令，打开"配套素材\Chapter-09\化妆品背景.ai"文件，如图9-43所示。

（2）使用"钢笔工具"在页面中绘制两条路径，如图9-44所示。

图9-42　完成效果

图9-43　素材文件

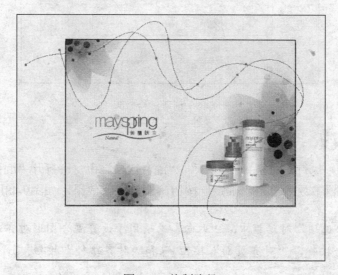

图9-44　绘制路径

（3）参照图9-45所示分别设置路径颜色、粗细和透明度。

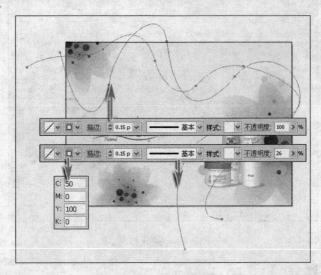

图9-45　设置路径属性

（4）选取两条路径，执行"对象"|"混合"|"建立"命令，创建混合效果，为方便读者查看，暂时更改路径颜色与粗细，如图9-46所示。

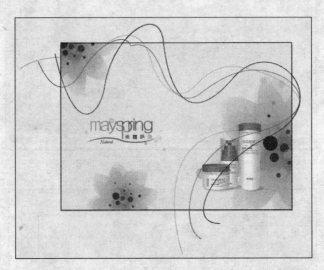

图9-46　创建混合效果

2. 设置混合效果

选取两条路径，执行"对象"|"混合"|"混合选项"命令，打开"混合选项"对话框，参照图9-47所示设置参数，单击"确定"按钮，调整混合效果，如图9-48所示。

 在"混合选项"对话框中，"取向"选项用于设置混合图形对齐的方式，该选项中包括两个按钮，"对齐页面"按钮 和"对齐路径"按钮 ，如图9-49所示。

图9-47 设置间距

图9-48 设置间距后的效果

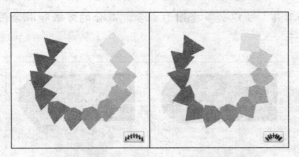

图9-49 设置"取向"选项

3. 编辑混合效果

（1）参照图9-50所示绘制一个圆形和星形图形，分别设置图形的颜色和透明度。

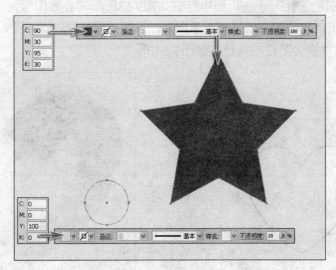

图9-50 绘制图形

（2）选择"混合工具" ，移动鼠标到其中一个图形，鼠标指针变为 时单击，接着移动到另一个图形，鼠标指针变为 时单击，即可使两个图形产生混合效果，如图9-51所示。

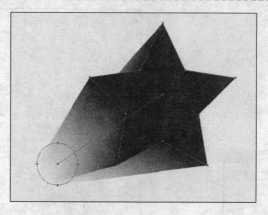

图9-51　创建混合效果

> **提示**　使用"混合工具"可以将多个图形混合，混合的方法和混合两个图形的方法相同，如图9-52所示。

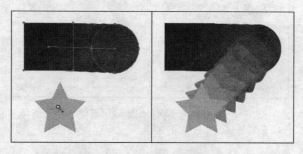

图9-52　创建混合效果

（3）使用"钢笔工具" 在页面中绘制如图9-53所示的心形图形。

（4）选择以上创建的混合效果和心形图形，执行"对象"|"混合"|"替换混合轴"命令，将混合的路径替换为新建的路径，如图9-54所示。

图9-53　绘制图形

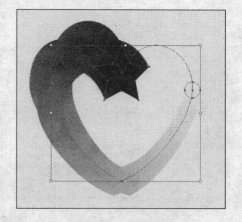

图9-54　替换混合轴

（5）保持图形的选择状态，执行"对象"|"混合"|"反向混合轴"命令，使图形混合的顺序反转，如图9-55所示。

（6）执行"对象"|"混合"|"反向堆叠"命令，使混合图形的堆叠顺序反转，如图9-56所示。

图9-55 反向混合轴

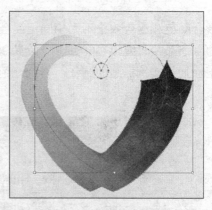

图9-56 反向堆叠图形

4. 扩展混合效果

（1）确认混合的图形为选择状态，执行"对象"|"混合"|"扩展"命令，将混合图形扩展，如图9-57所示。

（2）使用"编组选择工具" 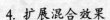 选取混合图形中的部分图形，将其删除并调整混合图形的位置，如图9-58所示。

图9-57 扩展混合图形

图9-58 删除图形

9.4 实例：插画（混合颜色）

混合颜色和混合效果不太相同，混合颜色只混合图形的颜色，不增加图形的数量。混合颜色的命令都在"编辑"|"编辑颜色"菜单中。在该菜单中还包括各种调整颜色的命令。

下面通过实例插画的制作，详细介绍混合颜色的方法。本实例的制作完成效果如图9-59所示。

图9-59　完成效果

1. 前后混合命令

（1）执行"文件"|"打开"命令，打开"配套素材\Chapter-09\彩色背景.ai"文件，并选中图形，如图9-60所示。

图9-60　选中图形

（2）保持图形的选择状态，执行"编辑"|"编辑颜色"|"前后混合"命令，使选中的图形按照图层顺序的前后混合颜色，如图9-61所示。

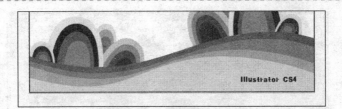

图9-61　前后混合效果

（3）使用相同的方法继续为其他图形进行颜色混合，如图9-62所示。

图9-62　继续混合图形颜色

2.	"反相颜色"命令

（1）选中页面中部分图形，执行"编辑"|"编辑颜色"|"反相颜色"命令，将选择的图形颜色反转，如图9-63所示。

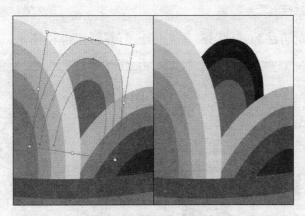

图9-63　反相颜色效果

（2）使用相同的方法为其他图形反相颜色，如图9-64所示。

3.	"垂直混合"命令

（1）选中页面中的树叶图形，如图9-65所示。

图9-64　混合图形颜色

（2）保持图形的选择状态，执行"编辑"|"编辑颜色"|"垂直混合"命令，将选择的图形颜色按照页面中的顺序上下混合，如图9-66所示。

图9-65　选择图形

图9-66　重直混合效果

（3）使用相同的方法为其他图形垂直混合颜色，如图9-67所示。

图9-67　混合图形颜色

4. "水平混合"命令

（1）选中页面中的树叶图形，执行"编辑"|"编辑颜色"|"水平混合"命令，将选择

的图形按照页面中的顺序左右混合颜色，如图9-68所示。

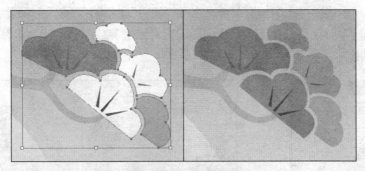

图9-68   水平混合效果

（2）使用相同的方法为其他图形混合颜色，如图9-69所示。

图9-69   混合图形颜色

5. "调整色彩平衡"命令

选中页面中的太阳图形，如图9-70所示，执行"编辑"|"编辑颜色"|"调整色彩平衡"命令，打开"调整颜色"对话框，如图9-71所示，设置对话框参数，单击"确定"按钮完成设置，调整图形的颜色。

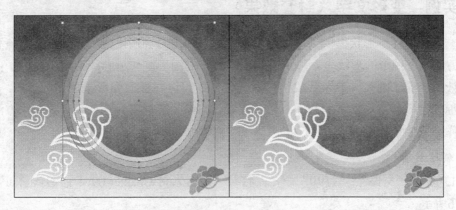

图9-70   调整色彩平衡效果

6. "调整饱和度"命令

参照图9-72所示选中页面中相应图形，执行"编辑"|"编辑颜色"|"调整饱和度"命令，打开"调整饱和度"对话框，如图9-73所示，设置对话框参数，单击"确定"按钮完成设置，调整图形的饱和度。

图9-71　"调整颜色"对话框

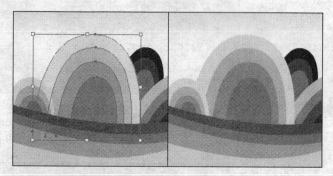

图9-72　调整饱和度效果

7. "转换为灰度"命令

选中页面中相应图形，执行"编辑"|"编辑颜色"|"转换为灰度"命令，将选择的图形转换为灰色，得到图9-74所示效果。

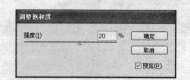

图9-73　"调整饱和度"对话框

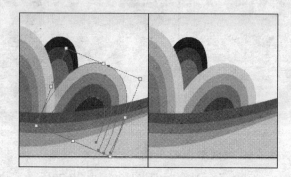

图9-74　将图形转换为灰色

9.5　实例：变形文字（封套效果）

封套为改变图形形状提供了一种简单有效的方法，封套通过使用鼠标移动节点和调整控制柄的方法改变图形的形状。不但可以利用绘制好的图形制作封套，系统还提供了各种各样的封套效果。除了图表、参考线或链接对象以外，可以在任何图形上使用封套。

下面通过实例变形文字的制作，来为读者介绍为图形创建封套和编辑封套的方法。本实例的制作完成效果如图9-75所示。

1. 创建封套

（1）执行"文件"|"打开"命令，打开"配套素材\Chapter-09\卡通图背景.ai"文件，如图9-76所示。

（2）使用"文字工具"T在页面中添加文本，如图9-77所示，然后使用"钢笔工具"绘制路径。

图9-75 完成效果

图9-76 素材文件

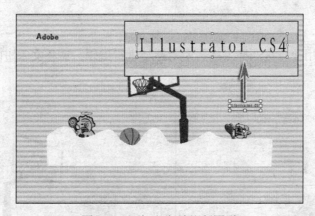

图9-77 添加文字并绘制图形

（3）选中页面中添加的文本和路径图形，执行"对象"|"封套扭曲"|"用顶层对象建立"命令，创建封套效果，如图9-78所示。

执行"对象"|"封套扭曲"|"用变形建立"命令，打开"变形选项"对话框，如图9-79所示，在该对话框中可以为图形添加系统预设的封套效果。

执行"对象"|"封套扭曲"|"用网格建立"命令，打开"封套网格"对话框，如图9-80所示。设置"行数"和"列数"为图形创建网格封套效果，如图9-81所示。

图9-78　创建封套

图9-79　"变形选项"对话框

图9-80　"封套网格"对话框

2. 编辑封套

（1）接下来使用"直接选择工具" 对路径进行编辑，调整文本扭曲的外观，如图9-82所示。

图9-81　创建网格封套

图9-82　编辑路径

（2）单击属性栏中的"编辑内容"按钮，即可编辑封套内的文本，参照图9-83所示设置文本的颜色和字体。

图9-83 设置文字格式

执行"对象"丨"封套扭曲"丨"封套选项"命令，打开"封套选项"对话框，如图9-84所示。执行该命令可以对封套进行编辑。

对话框中各选项的含义如下。

· 消除锯齿：勾选该选项来防止锯齿的产生，保持图形的清晰度。

· 剪切蒙版：当用非矩形封套扭曲对象时，可选择"剪切蒙版"方式保护图形。

· 透明度：当用非矩形封套扭曲对象时，可选择"透明度"方式保护图形。

图9-84 "封套选项"对话框

· 保真度：设置对象适合封套图形的精确程度。

· 扭曲外观：将对象的形状与其外观属性一起扭曲，例如已应用的效果或图形样式。

· 扭曲线性渐变：将图形的形状和填充的线性渐变效果一起扭曲。

· 抽曲图案填充：将图形的形状和填充的图案效果一起扭曲。

9.6 实例：音乐海报（动作和批处理）

动作可以将Illustrator CS4中的命令和操作记录下来，重复执行。在动作中可以记录大多数的命令和工具操作，还可以对动作进行删除、更改名称、设置快捷键等编辑操作。批处理就是将一个指定的动作应用于某文件夹下的所有图像。

下面通过实例音乐海报的制作，详细介绍记录和应用动作的方法。本实例的完成效果如图9-85所示。

1. "动作"调板

首先来了解一下"动作"调板。执行"窗口"丨"动作"命令，打开"动作"调板，如图9-86所示。对动作的记录、编辑、修改都是在该调板中进行的。

图9-85 完成效果

图9-86 "动作"调板

· 停止播放/记录 ▢：单击此按钮，可以停止正在播放或记录的动作。

· 开始记录 ●：单击该按钮，可以开始记录新的动作。

· 播放当前所选动作 ▶：单击此按钮，可以从当前所选择的动作向下播放动作组中的所有命令。

· 创建新动作集 ▢：单击此按钮，可以新建一个动作集合。

· 创建新动作 ▣：单击此按钮，可以新建一个动作。

· 删除所选动作 ▦：用来删除不需要的动作或动作集合。

2. 创建、录制和播放动作

（1）执行"文件"|"打开"命令，打开"配套素材\Chapter-09\海报背景.ai"文件，如图9-87所示。

（2）使用"椭圆工具" ◯在页面中绘制两个椭圆形，参照图9-88所示设置图形颜色，并按快捷键Ctrl+G将图形编组，然后选中页面中的椭圆形。

图9-87 素材文件

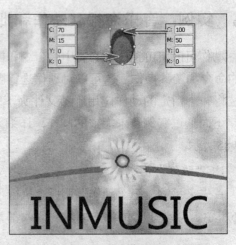

图9-88 绘制椭圆形

（3）单击"动作"调板底部的"创建新动作"按钮 ■，打开"新建动作"对话框，参照图9-89所示设置对话框参数，单击"记录"按钮，开始录制动作。

（4）按下键盘上的**Alt+Shift**键复制图形，并移动位置如图9-90所示。

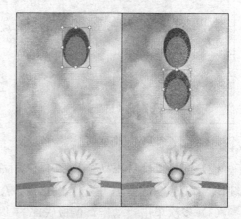

图9-89　"新建动作"对话框　　　　　　图9-90　复制图形并移动位置

（5）双击工具箱中的"比例缩放工具" ■，打开"比例缩放"对话框，参照图9-91所示设置参数，单击"确定"按钮，等比例缩放图形，得到图9-92所示效果。

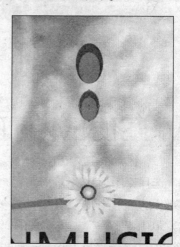

图9-91　"比例缩放"对话框　　　　　　图9-92　缩放图形

（6）单击"动作"调板底部的"停止播放/记录"按钮 ■，完成动作的记录，如图9-93所示。

（7）保持复制图形的选择状态，按下键盘上的**F11**键，执行刚刚记录的动作。将图形复制、移动和缩小，如图9-94所示。

图9-93　停止记录动作

3. 编辑动作

（1）选择以上复制的椭圆形，单击"动作"调板底部的"创建新动作"按钮 ■，打开"新建动作"对话框，参照图9-95所示设置对话框，单击"记录"按钮，再次记录动作。

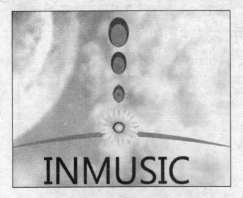

图9-94　播放动作

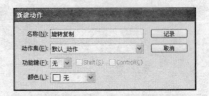

图9-95　"新建动作"对话框

（2）选择"旋转工具" ，单击页面设置旋转的中心点，配合键盘上的Alt键旋转并复制图形，如图9-96所示，单击"停止播放/记录"按钮 ，停止记录动作。

（3）多次单击"动作"调板底部的"播放当前所选动作"按钮 ，执行动作命令，然后调整副本图形的位置，效果如图9-97所示。

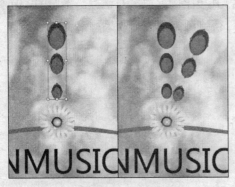

图9-96　复制图形

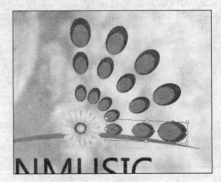

图9-97　调整图形

（4）选择原图形，双击"动作"调板中"旋转"命令，如图9-98所示，打开"旋转"对话框，参照图9-99所示设置角度为23°，单击"复制"按钮，设置旋转角度并复制图形。

（5）单击"动作"调板底部的"播放当前所选动作"按钮 ，多次执行动作命令，并调整图形位置，得到图9-100所示效果。

图9-98　"动作"调板

图9-99　设置旋转角度

图9-100　旋转复制图形

4.批处理

批处理就是将一个指定的动作应用于某文件夹下的所有图形，方法是：在"批处理"对话框中选择动作和动作所在的序列。单击"动作"调板右上角的 按钮，在弹出的快捷菜单中选择"批处理"命令，打开"批处理"对话框，如图9-101所示。

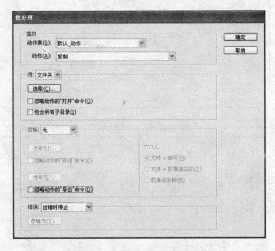

图9-101 "批处理"对话框

下面介绍对话框中各个选项的含义。

·播放：首先在"动作集"选项中选择动作的序列，然后在"动作"选项中选择要执行的动作。

·源：该选项可以设置文件夹的位置，选择"文件夹"可以指定一个文件夹作为源文件，选择"数据组"可以对当前文件夹中的各数据组播放动作。

·目标：选择"无"可以保持文件打开而不存储更改；选择"存储并关闭"可以在当前位置存储和关闭文件；选择"文件夹"可以将文件存储到其他位置。

课后练习

1. 设计标志图形，效果如图9-102所示。

图9-102 标志图形

要求：

（1）创建图层。

（2）创建封套效果。

（3）编辑封套效果。

2. 设计儿童插画，效果如图9-103所示。

图9-103　儿童插画

要求：

（1）创建颜色混合效果。

（2）记录动作。

（3）执行动作。

3. 设计卡通形象，效果如图9-104所示。

图9-104　卡通形象

要求：

（1）调整图层的顺序。

（2）删除图层。

（3）合并图层。

第10课

滤镜和效果

本课知识结构

在Illustrator CS4中，可以使用滤镜对图形或图像做进一步的处理。使用滤镜可以使图形或图像产生色彩或形状上的变化，从而得到一些绚丽的效果，如为图形添加投影、模糊效果，还可以为图形添加各种位图图像的效果，如彩色铅笔、蜡笔、炭笔等特殊效果。

就业达标要求

★ 使用各种矢量滤镜   ★ 使用各种位图滤镜

★ 使用3D滤镜   ★ 使用滤镜库

10.1 滤镜和效果概述

对图形或图像添加各种特殊效果的命令都在"效果"菜单中，如图10-1所示。在"效果"菜单中，有的命令名称中有"…"，表示执行该命令后会弹出用于设置参数的对话框。在命令的右侧有的会出现▶，表示该命令下还包括子命令。

在"效果"菜单的最顶部有"应用上一个效果"和"上一个效果"两个命令。"应用上一个效果"命令将为图形应用上一次使用的滤镜效果；"上一个效果"命令将为图形应用上一次使用的滤镜效果并会打开相应的对话框。在菜单的下方分为Illustrator效果和Photoshop效果。在Illustrator CS4中这两种滤镜几乎都可以为图形或图像添加效果。每向对象应用一种效果，在"外观"调板中将会列出该效果，从而可以对效果进行编辑、删除、复制等操作。

图10-1 "效果"菜单

10.2 实例：宣传海报（矢量滤镜）

矢量滤镜包括"扭曲和变换"滤镜组、"风格化"滤镜组、"路径"滤镜组、"路径查找器"滤镜组、"变形"滤镜组等。这些滤镜主要应用于图形，可以制作出各种不同的效果。

　　下面通过实例宣传海报的制作，详细介绍"扭曲和变换"滤镜组和"风格化"滤镜组中各个滤镜的效果。本实例的制作完成效果如图10-2所示。

图10-2　完成效果

1. "扭曲和变换"滤镜组

　　（1）在Illustrator CS4中，执行"文件"|"打开"命令，打开"配套素材\Chapter-10\墙壁.ai"文件，参照图10-3所示，选中页面中的树叶图形。

　　（2）执行"效果"|"扭曲和变换"|"变换"命令，打开"变换效果"对话框，设置"缩放"选项组中的"水平"和"垂直"选项，使图形缩小，如图10-4和图10-5所示。

图10-3　素材文件

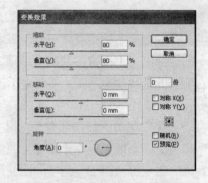

图10-4　"变换效果"对话框

　　（3）参照图10-6所示，在"移动"选项组的"水平"和"垂直"文本框中输入数值，移动图形的位置，如图10-7所示。

　　（4）参照图10-8所示，设置"角度"参数的值，调整图形旋转的角度，如图10-9所示。

　　接下来介绍"扭曲和变换"滤镜组中其他的滤镜。图10-10所示为应用"扭曲和变换"滤镜组中的滤镜的效果。

　　·扭拧：随机地向内或向外弯曲和扭曲路径段。使用绝对量或相对量可以设置垂直和水平扭曲。其中指定是否修改锚点、移动"导入"控制点和"导出"控制点。

　　·扭转：以中心点旋转，并扭曲边缘图形，输入一个正值将顺时针扭转，输入一个负值将逆时针扭转。

图10-5　缩放图形

图10-6　"变换效果"对话框

图10-7　移动图形

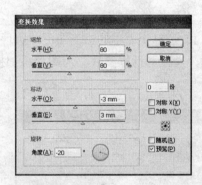

图10-8　"变换效果"对话框

图10-9　旋转图形

· 收缩和膨胀：在将路径段向内收缩时，向外拉出矢量对象的锚点；或在将路径段向外膨胀时，向内拉入锚点。

· 波纹效果：大小的尖峰和凹谷形成的锯齿和波形数组。使用绝对大小或相对大小设置尖峰与凹谷之间的长度。设置每个路径段的脊状数量，并在波形边缘（平滑）或锯齿边缘（尖锐）之间选择其一。

· 粗糙化：可将矢量对象的路径段变形为各种大小的尖峰和凹谷的锯齿数组。使用绝对大小或相对大小设置路径段的最大长度。设置每英寸锯齿边缘的细节，并在平滑边缘和尖锐边缘之间选择其一。

· 自由扭曲：可以通过拖动四个角落任意控制点的方式来改变对象的形状。

原图形	扭拧	扭转	膨胀
收缩	波纹效果	粗糙化	自由扭曲

图10-10　"扭曲和变换"滤镜组效果

2. "风格化"滤镜组

（1）选择页面中的铅笔图形，执行"效果"|"风格化"|"投影"命令，打开"投影"对话框，设置对话框参数，为图形添加投影效果，如图10-11和图10-12所示。

图10-11　"投影"对话框

图10-12　添加投影效果

接下来介绍"投影"对话框中各个选项的含义。

· 模式：指定投影的混合模式。

· 不透明度：指定投影的不透明度百分比。

· X位移：指在X轴上投影与对象偏移的距离。

· Y位移：指在Y轴上投影与对象偏移的距离。

· 模糊：指要进行模糊处理之处距离阴影边缘的距离。

· 颜色：指定投影的颜色。

· 暗度：指为投影添加的黑色深度百分比。

（2）使用"文本工具" T 为页面添加文本，参照图10-13所示设置文本颜色、字体和大小。

（3）保持文本的选择状态，执行"效果"|"风格化"|"涂抹"命令，打开"涂抹选项"对话框，如图10-14所示，设置对话框参数，单击"确定"按钮完成设置，得到图10-15所示效果。

图10-13 添加文本

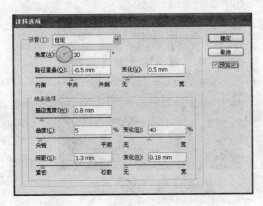

图10-14 "涂抹选项"对话框

图10-15 为图形添加涂抹效果

接下来介绍"风格化"滤镜组中其他的滤镜。

• "圆角"滤镜可以把选定的图形的所有的角改变为平滑点。选中图形,执行"效果"
|"风格化"|"圆角"命令,打开"圆角"对话框,如图10-16所示,设置对话框参数,单击
"确定"按钮完成设置,得到图10-17所示效果。

图10-16 "圆角"对话框

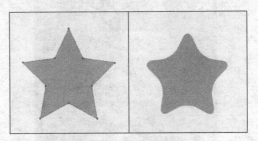

图10-17 添加圆角效果

• "添加箭头"滤镜可以对选定的对象添加箭头。选中图形,执行"效果"|"风格化"
|"添加箭头"命令,打开"添加箭头"对话框,如图10-18所示,设置对话框参数,单击"确
定"按钮完成设置,得到图10-19所示效果。

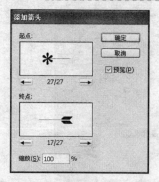

图10-18 "添加箭头"对话框

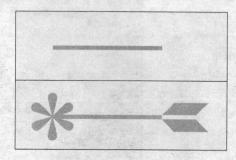

图10-19 添加箭头效果

• "羽化"滤镜可以将对象的边缘从实心颜色逐渐过滤为无。选中需要羽化的图形,执行"效果"│"风格化"│"羽化"命令,打开"羽化"对话框,如图10-20所示,设置对话框参数,单击"确定"按钮完成设置,得到图10-21所示效果。

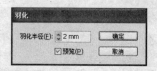

图10-20 "羽化"对话框

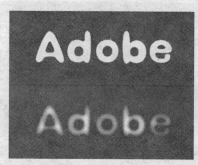

图10-21 添加羽化效果

10.3 实例:音乐晚会海报(3D滤镜)

本节通过实例音乐晚会海报的制作,来为读者介绍"3D"滤镜组、"变形"滤镜组、"路径"滤镜组、"栅格化"滤镜和"转化为形状"滤镜组。本实例的制作完成效果如图10-22所示。

图10-22 完成效果

1. "3D"滤镜组

(1)执行"文件"│"打开"命令,打开"配套素材\Chapter-10\海报背景.ai"文件,如图10-23所示。

(2)选中页面中的"2"字样图形,执行"效果"│"3D"│"凸出和斜角"命令,打开"3D凸出和斜角选项"对话框,如图10-24所示。

(3)在"指定绕X轴旋转" 、"指定绕Y轴旋转" 和"指定绕Z轴旋转" 文本框中输入数值,设置立体文字旋转的角度,如图10-25和图10-26所示。

图10-23 素材文件

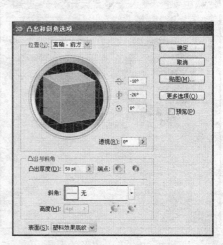

图10-24 "3D 凸出和斜角选项"对话框

图10-25 设置旋转的角度

图10-26 应用效果

（4）在"透视"选项中输入数值，设置立体图形透视的角度，如图10-27和图10-28所示。

图10-27 设置立体图形透视的角度

图10-28 应用效果

（5）在"凸出厚度"选项中输入数值，设置立体图形的厚度，如图10-29和图10-30所示。

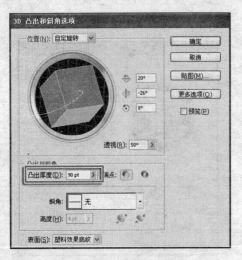

图10-29　设置图形的厚度

图10-30　应用效果

提示　　在"凸出厚度"选项的右侧为"端点"选项，包括两个按钮，"开启端点以建立实心" 和"关闭端点以建立空心" ，这两个按钮可产生的效果如图10-31所示。

（6）在"3D 凸出和斜角选项"对话框中，单击"更多选项"按钮，将隐藏的选项显示出来，并参照图10-32所示设置参数，为对象添加高光效果，如图10-33所示。

图10-31　"端点"选项效果

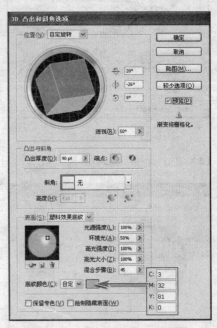

图10-32　继续设置3D效果参数

（7）单击"3D 凸出和斜角选项"对话框中的"贴图"按钮，打开"贴图"对话框，如图10-34所示。

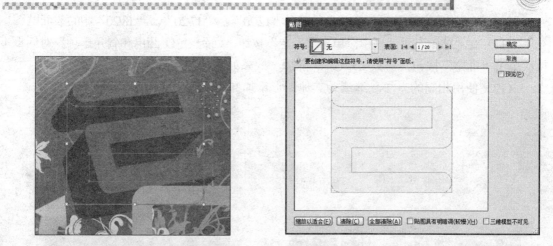

图10-33 应用效果

图10-34 "贴图"对话框

（8）在"贴图"对话框中，在"符号"下拉列表框中选择"新建符号"，将图形贴到立体图形表面，如图10-35和图10-36所示。

图10-35 新建符号

图10-36 应用贴图效果

（9）单击"表面"选项中的"下一个表面"按钮▶，更改到立体图形的第8个面，添加符号图形，如图10-37和图10-38所示。

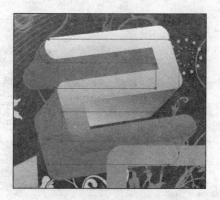

图10-37 单击"下一个表面"按钮

图10-38 应用贴图效果

（10）使用相同的方法，依次为立体图形"12/20"、"17/20"、"18/20"中的表面贴图。

（11）在"贴图"对话框中，单击"确定"按钮，回到"3D 凸出和斜角选项"对话框，再次单击"确定"按钮，完成3D效果的添加，效果如图10-39所示。

（12）使用相同的方法，继续为其他图形添加3D效果，如图10-40所示。

图10-39　添加3D效果

图10-40　继续为图形添加3D效果

下面介绍"3D"滤镜组中其他的滤镜。

· 绕转：将图形根据一个轴心旋转产生的立体效果，如图10-41所示。

· 旋转：调整图形的透视度，如图10-42所示。

图10-41　应用绕转效果

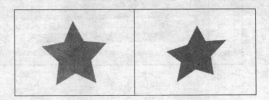

图10-42　应用旋转效果

2. "变形"滤镜组

（1）选中页面中的"音乐晚会"字样图形，如图10-43所示。

图10-43　选择图形

（2）执行"效果"|"变形"|"拱形"命令，打开"变形选项"对话框，参照图10-44所示设置参数，单击"确定"按钮完成设置，得到图10-45所示效果。

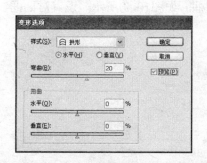

图10-44 "变形选项"对话框   图10-45 为文本添加变形效果

（3）接下来参照图10-46所示为"音乐晚会"文本添加渐变填充效果，如图10-47所示。

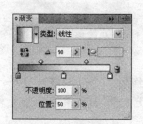

图10-46 "渐变"调板   图10-47 为文本添加渐变填充效果

3. "路径"滤镜组

保持文本的选择状态，执行"效果"|"路径"|"位移路径"命令，打开"位移路径"对话框，设置对话框参数，单击"确定"按钮使图形扩展，如图10-48和图10-49所示。

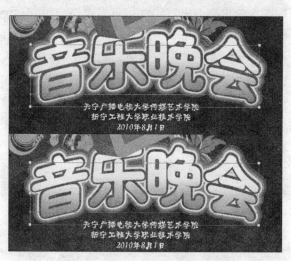

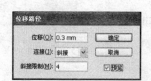

图10-48 "位移路径"对话框   图10-49 位移路径

4. "栅格化"滤镜

"栅格化"滤镜是将矢量图形转换为位图图像的滤镜。在栅格化过程中，Illustrator会将图形路径转换为像素的形式显示，设置的栅格化选项将决定结果像素的大小与属性。选中图形，执行"效果"|"栅格化"命令，打开"栅格化"对话框，如图10-50所示，设置对话框参数，单击"确定"按钮完成设置，效果如图10-51所示。

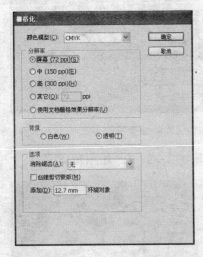

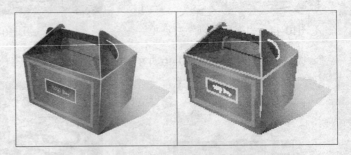

图10-50 "栅格化"对话框   图10-51 栅格化图形

 可以使用"对象"|"栅格化"命令或"栅格化"滤镜栅格化单独的矢量对象。也可以通过将文档导入为位图格式（如JPEG、GIF或TIFF）的方式来栅格化整个文档。

"栅格化"对话框的参数选项说明如下。

• "颜色模型"：可以在此下拉列表框中为要转换的矢量图形选择一种图像模式，包括CMYK、灰度和位图3种。

• "分辨率"：在此设置区域可以为将生成的位图选择一种合适的分辨率。如果仅想在显示器上观察转换的位图图像，可以选择"屏幕（72ppi）"单选项；如果想将转换形成的位图图像输出到激光打印机，可以选择"中（150ppi）"单选项；如果想将转换形成的位图图像输出到照排机用于印刷，可以选择"高（300ppi）"单选项；如果上述3个选项都不能满足需要，可以在"其他"单选项后的文本框中输入一个数值。最后一个单选项就是文档默认的分辨率。

• "背景"：此设置区域可以为将生成的位图选择一种合适的背景。如果选择"白色"单选项，可以生成背景为白色的位图；如果选择"透明"单选项，可以生成背景为透明的位图。

• "选项"：在此设置区域中，如果从"消除锯齿"下拉列表框中选择了一种优化方式，那么在转换位图后，就可以得到更为光滑的外观效果。但同时会使栅格化操作进行更长的时间，并且文字和细线看起来会变得模糊。如果要创建一个位图图像蒙版，使其背景呈透明效果，应将"创建剪切蒙版"复选框选中。

5. "转化为形状"滤镜组

"转化为形状"滤镜组包括"矩形"、"圆角矩形"、"椭圆"3个滤镜。应用"转化为形状"滤镜组中的滤镜效果如图10-52所示。

- 矩形：将图形以矩形的形式显示。
- 圆角矩形：将图形以圆角矩形的形式显示。
- 椭圆：将图形以椭圆的形式显示。

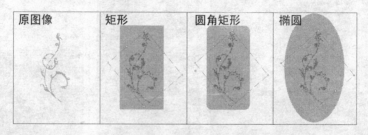

图10-52 "转化为形状"滤镜组效果

10.4 实例：房地产广告（位图滤镜）

位图滤镜包括10个滤镜组，每个滤镜组中都包括多个滤镜。这些滤镜有的是在滤镜库中进行设置。在本节中将为读者介绍滤镜库、"像素化"滤镜组、"扭曲"滤镜组和"模糊"滤镜组。

下面通过实例房地产广告的制作，来为读者介绍这些滤镜的使用。本实例的完成效果如图10-53所示。

1. 滤镜库

执行"效果"|"扭曲"|"扩散亮光"命令，打开滤镜库对话框，如图10-54所示，在滤镜库对话框的左侧为预览窗口，显示使用滤镜后对象的效果。在对话框的中间为滤镜选择按钮，单击按钮即可为对象应用相应的滤镜。在对话框的右侧为参数设置面板，不同的滤镜会显示不同的参数。

图10-53 完成效果

如果需要对应用滤镜库中的滤镜的图像进行更改，可以在"外观"调板中双击滤镜名称，打开滤镜库，即可进行更改。

2. "像素化"滤镜组

（1）执行"文件"|"打开"命令，打开"配套素材\Chapter-10\房地产.ai"文件，如图10-55所示。

图10-54　滤镜库对话框

（2）选中页面中的位图图像，执行"效果"|"像素化"|"晶格化"命令，打开"晶格化"对话框，如图10-56所示，设置对话框参数，单击"确定"按钮完成设置，得到图10-57所示效果。

图10-55　素材文件

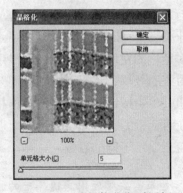

图10-56　"晶格化"对话框

下面介绍"像素化"滤镜组中其他的滤镜。应用"像素化"滤镜组中的滤镜后的效果如图10-58所示。

· 彩色半调：模拟在图像的每个通道上使用放大的半调网屏的效果。对于每个通道，滤镜将对象划分为许多矩形，然后用圆形替换每个矩形。在"最大半径"文本框中可以输入一个以像素为单位的最大半径值（介于4～127之间），再为通道输入一个网屏角度值。

· 点状化：将对象中的颜色分解为随机分布的网点，如点状化绘画一样，并使用背景色作为网点之间的画布区域。

· 铜版雕刻：将对象转换为黑白区域的随机图案或彩色对象中呈全饱和颜色的随机图案。

图10-57 添加晶格化效果

图10-58 "像素化"滤镜组效果

3. "扭曲"滤镜组

继续制作实例，选中位图图像，执行"效果"|"扭曲"|"扩散亮光"命令，打开"扩散亮光"对话框，参照图10-59所示设置参数，单击"确定"按钮完成设置，为图像添加扩散亮光效果。

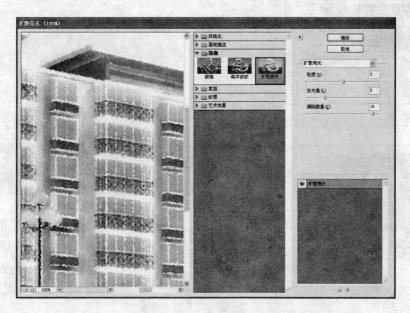

图10-59 "扩散亮光"对话框

下面介绍"扭曲"滤镜组中其他的滤镜。应用"扭曲"滤镜组中的滤镜后的效果如图10-60所示。

　　·海洋波纹：将随机分隔的波纹添加到对象，使对象好似在水中的效果。

　　·玻璃：好像透过带有纹理的玻璃来观看图像。

　　4. "模糊"滤镜组

　　（1）接着制作实例，使用"矩形工具" 在页面中绘制一个黑色矩形，如图10-61所示，

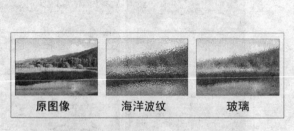

图10-60　应用"扭曲"滤镜组中的滤镜效果　　　　　图10-61　绘制矩形

　　（2）执行"效果"|"模糊"|"高斯模糊"命令，打开"高斯模糊"对话框，设置对话框参数，单击"确定"按钮，关闭对话框，为图形添加高斯模糊效果，并调整图形位置，如图10-62、图10-63所示。

　　下面介绍"模糊"滤镜组中其他的滤镜。应用"模糊"滤镜组中的滤镜后的效果如图10-64所示。

　　·径向模糊：可以将对象旋转模糊，也可使对象从中心向外辐射模糊。

　　·特殊模糊：可以创建多种模糊效果，将对象中的折皱模糊掉，或将重叠的边缘模糊掉。

图10-62　"高斯模糊"对话框

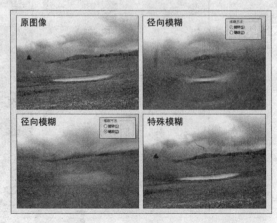

图10-63　为图形添加高斯模糊效果　　　　　图10-64　"模糊"滤镜组效果

10.5 实例：斑驳的文字特效（"画笔描边"、"素描"和 "纹理"滤镜组）

本节将通过实例斑驳的文字特效的制作，来为读者介绍位图滤镜中的"画笔描边"滤镜组、"素描"滤镜组和"纹理"滤镜组。本实例的制作完成效果如图10-65所示。

图10-65 完成效果

1. "画笔描边"滤镜组

（1）执行"文件"|"打开"命令，打开"配套素材\Chapter-10\斑驳背景.ai"文件，如图10-66所示。

图10-66 素材文件

（2）选中页面中的文本图形，如图10-67所示，按快捷键Ctrl+C复制图形，然后执行"编辑"|"贴在前面"命令，将图形粘贴到原图形前面，参照图10-68所示在"图层"调板中，隐藏副本图形，并将原图形选中。

（3）参照图10-69所示设置文本图形的颜色。

（4）保持文本图形的选择状态，执行"效果"|"画笔描边"|"喷溅"命令，打开"喷溅"对话框，如图10-70所示，设置对话框参数，单击"确定"按钮完成设置，为图形添加喷溅效果，如图10-71所示。

图10-67　选中图形

图10-68　"图层"调板

图10-69　设置文本图形的颜色

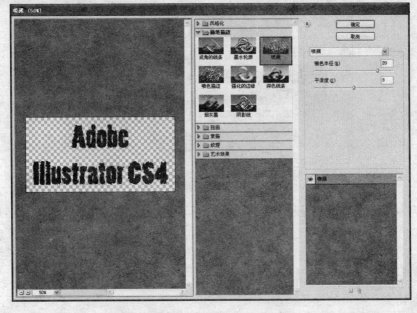

图10-70　"喷溅"对话框

（5）参照图10-72所示在"透明度"调板中，设置图形混合模式为"叠加"，得到图10-73所示效果。

图10-71　添加喷溅效果

图10-72　"透明度"调板

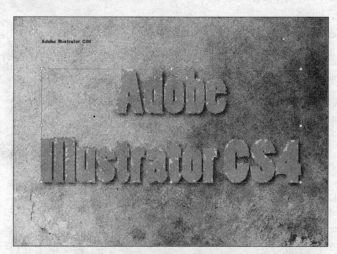

图10-73　更改图形混合模式

下面介绍"画笔描边"滤镜组中其他的滤镜。应用"画笔描边"滤镜组中的滤镜后的效果如图10-74所示。

·喷色描边：使用对象的主导色，使用成角的、喷溅的颜色线条重新绘制对象。

·墨水轮廓：以钢笔画的风格，使用纤细的线条在原细节上重绘对象。

·强化的边缘：强化对象边缘，设置高于边缘亮度控制值时，强化效果类似白色粉笔；设置低于边缘亮度控制值时，强化效果类似黑色油墨。

·成角的线条：使用对角描边重新绘制对象，用一个方向的线条绘制对象的亮区，用相反方向的线条绘制暗区。

·深色线条：用短线条绘制对象中接近黑色的暗区；用长的白色线条绘制对象中的亮区。

·烟灰墨：以日本画的风格绘制对象，看起来像是用蘸满黑色油墨的湿画笔在宣纸上绘画，其效果是非常黑的柔化模糊边缘。

·阴影线：保留原稿对象的细节和特征，同时使用模拟的铅笔阴影线添加纹理，并使对象中彩色区域的边缘变粗糙。

图10-74　应用"画笔描边"滤镜组中的滤镜效果

2. "素描"滤镜组

（1）继续制作实例，在"图层"调板中，显示并选中副本文本图形，参照图10-75所示设置图形颜色。

图10-75　设置图形颜色

（2）执行"效果"｜"素描"｜"便条纸"命令，打开"便条纸"对话框，设置对话框参数，单击"确定"按钮完成设置，为图形添加手工制作的纸张效果，如图10-76和图10-77所示。

（3）接下来在"透明度"调板中，设置图形混合模式与不透明度，如图10-78和图10-79所示。

下面介绍"画笔描边"滤镜组中其他的滤镜。应用"画笔描边"滤镜组中的滤镜后的效果如图10-80所示。

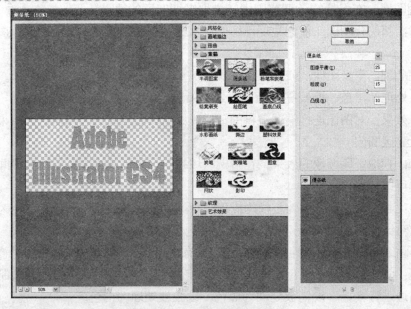

图10-76　设置滤镜参数

图10-77　添加便条纸效果

图10-78　设置图形混合模式和透明度

图10-79　添加透明度效果

·半调图案：在保持的色调范围内，模拟半调网屏的效果。

·图章：可简化图像，使之呈现用橡皮或木制图章盖印的样子，用于黑白图像时效果最佳。

·基底凸现：变换图像，使之呈现浮雕刻状和突出光照下变化各异的表面。图像中的深色区域将被处理为黑色，而较亮的颜色被处理为白色。

·塑料效果：对图像进行类似塑料的塑模成像，然后使用黑色和白色为结果图像上色。暗区凸起，亮区凹陷。

·影印：模拟影印图像的效果。在暗调区域趋向于只复制边缘四周，而中间色调可以为纯黑色，也可以为纯白色。

·撕边：将图像重新组织为粗糙的撕碎纸片的效果，然后使用黑色和白色为图像上色。对于文字或对比度高的对象所组成的图像效果更明显。

·水彩画纸：利用有污渍的、像画在湿润而有纹的纸上的涂抹方式，使颜色渗出并混合。

·炭笔：重绘对象，产生色调分离的、涂抹的效果。主要边缘以粗线条绘制，而中间色调用对象描边进行素描。炭笔被处理为黑色，纸张被处理为白色。

·炭精笔：在对象上模拟浓黑和纯白的炭精笔纹理。"炭精笔"滤镜对暗色区域使用黑色，对亮色区域使用白色。

·粉笔和炭笔：重绘对象的高光和中间色调，其背景为粗糙粉笔绘制的纯中间色调。阴影区域用对角炭笔线条替换。炭笔用黑色绘制，粉笔用白色绘制。

·绘图笔：使用纤细的线性油墨线条捕获原始对象的细节。将使用黑色代表油墨，用白色代表纸张来替换原始对象中的颜色。

·网状：模拟胶片乳胶的可控收缩和扭曲来创建对象，使之在暗调区域呈结块状，在高光区域呈轻微颗粒化。

·铬黄：将对象处理成好像擦亮的铬黄表面。高光在反射表面上是高点，暗调是低点。

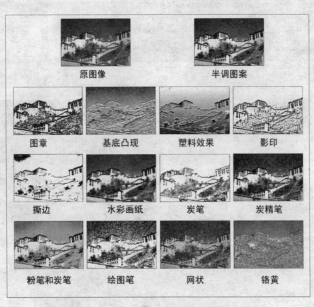

图10-80　应用"素描"滤镜组中的滤镜效果

3. "纹理"滤镜组

选中页面中的背景图像，执行"效果"|"纹理"|"纹理化"命令，打开"纹理化"对话框，参照图10-81所示设置对话框参数，单击"确定"按钮完成设置，为图形添加纹理化效果，如图10-82所示。

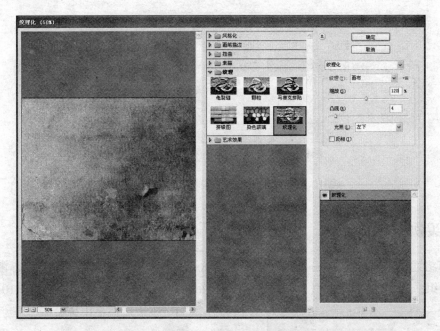

图10-81　设置滤镜参数

图10-82　添加纹理化效果

下面介绍"纹理"滤镜组中其他的滤镜。应用"纹理"滤镜组中的滤镜后的效果如图10-83所示。

• 拼缀图：将对象分解为由若干方形图块组成的效果，图块的颜色由该区域的主色决定，随机减小或增大拼贴的深度，以复制高光和暗调。

• 染色玻璃：将对象重新绘制成许多相邻的单色单元格效果，边框由前景色填充。

• 颗粒：通过模拟不同种类的颗粒（常规、柔和、喷洒、结块、强反差、扩大、点刻、水平、垂直或斑点）为对象添加纹理。

• 马赛克拼贴：绘制对象，看起来像是由小的碎片或拼贴组成，然后在拼贴之间添加缝隙。

• 龟裂缝：将对象绘制在一个高处凸现的模型表面上，以循着对象等高线生成精细的网状裂缝，可以对包含多种颜色值或灰度值的对象创建浮雕效果。

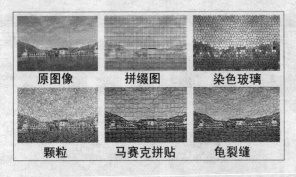

图10-83 应用"纹理"滤镜组中的滤镜效果

10.6 实例：国画效果（"艺术效果"滤镜组等）

本节将通过实例国画效果的制作，来为读者介绍位图滤镜中的"艺术效果"滤镜组、"视频"滤镜组、"锐化"滤镜组和"风格化"滤镜组。本实例的制作完成效果如图10-84所示。

图10-84 完成效果

1．"艺术效果"滤镜组

（1）执行"文件"|"打开"命令，打开"配套素材\Chapter-10\荷花.ai"文件，如图10-85所示。

（2）选择"矩形工具"▭，参照图10-86所示贴齐页面绘制矩形，并设置图形颜色与位置。

（3）选中矩形，按快捷键Ctrl+C复制图形，执行"编辑"|"贴在前面"命令，将图形粘贴到原图形的上一层。

（4）执行"效果"|"艺术效果"|"海绵"命令，打开"海绵"对话框，设置对话框参数，为图形添加海绵绘制的效果，如图10-87、图10-88所示。

（5）执行"效果"|"艺术效果"|"绘画涂抹"命令，打开"绘画涂抹"对话框，设置对话框参数，单击"确定"按钮完成设置，如图10-89、图10-90所示。

图10-85 素材文件

图10-86 绘制矩形

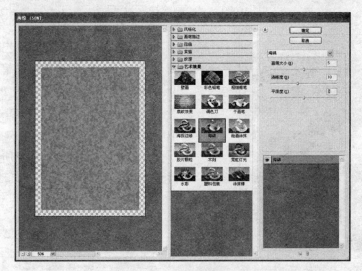

图10-87 "海绵"对话框

图10-88 应用海绵效果

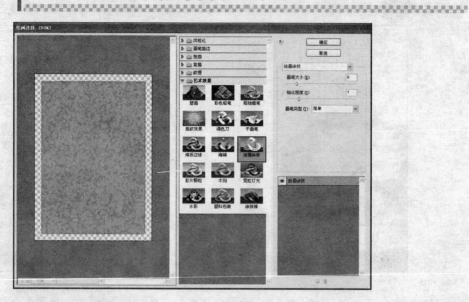

图10-89　"绘画涂抹"对话框

图10-90　应用绘画涂抹效果

（6）执行"效果"|"艺术效果"|"粗糙蜡笔"命令，打开"粗糙蜡笔"对话框，参照图10-91所示设置参数，单击"确定"按钮，关闭对话框，为图形添加粗糙蜡笔效果，如图10-92所示。

（7）最后参照图10-93所示在属性栏中为图形添加不透明效果。

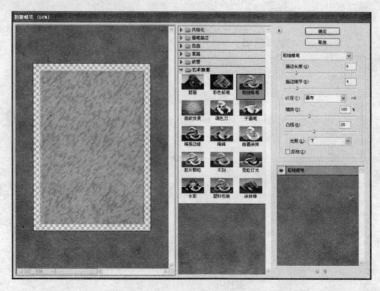

图10-91　"粗糙蜡笔"对话框

图10-92　应用精糙蜡笔效果

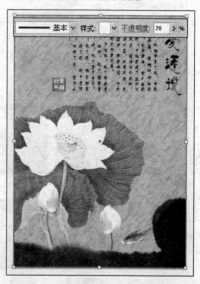
图10-93　为图形添加不透明效果

下面介绍"艺术效果"滤镜组中其他的滤镜。应用"艺术效果"滤镜组中的滤镜的效果如图10-94所示。

• 塑料包装：使对象像罩了一层光亮塑料膜一样，以强调表面细节。

• 壁画：以一种粗糙的方式，使用短而圆的描边绘制对象，使对象看上去像是简单绘制的。

• 干画笔：使用干画笔技巧（介于油彩和水彩之间）绘制对象边缘，通过降低其颜色范围来简化对象。

• 底纹效果：在中间色调用纹理来表现，将其他部分简化，从而产生为对象添加底纹的效果。

• 彩色铅笔：使用彩色铅笔在灰色的背景上绘制对象，保留对象的边缘，外观呈粗糙阴影线。

• 木刻：将对象描绘成好像是由从彩纸上剪下的边缘粗糙的剪纸片组成的。高对比度的对象看起来呈剪影状，而彩色对象看上去是由几层彩纸组成的。

• 水彩：以水彩风格绘制对象，简化对象细节，像使用蘸了水和颜色的中号画笔绘制一样。当边缘有显著的色调变化时，此滤镜可以使颜色更饱满。

• 海报边缘：根据设置的"海报化"选项值减少对象中的颜色数，然后找到对象的边缘，并在边缘上绘制黑色线条。对象中较宽的区域将带有简单的阴影，而细小的深色细节则遍布对象。

• 涂抹棒：使用短的对角描边涂抹对象的暗区以柔化对象。亮区变得更亮，并失去细节。

• 胶片颗粒：将平滑图案应用于对象的暗调色调和中间色调。将一种更平滑、饱和度更高的图案添加到对象的较亮区域。

• 调色刀：减少对象中的细节以生成描绘得很淡的画布效果，可以显示出对象的纹理。

• 霓虹灯光：为图像中的对象添加各种不同类型的灯光效果。在为图像着色并柔化其外观时，此滤镜非常有用。若要选择一种发光颜色，单击颜色框，并从拾色器中选择一种颜色。

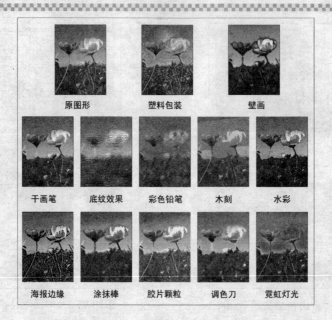

图10-94 应用"艺术效果"滤镜组中的滤镜效果

2. "视频"滤镜组

下面介绍"视频"滤镜组中的滤镜。应用"视频"滤镜组中的滤镜后的效果如图10-95所示。

· NTSC颜色：该滤镜将色域限制在用于电视机重现时的可接受范围内，以防止饱和颜色渗到电视扫描中。

· 逐行：该滤镜通过移去视频对象中的奇数或偶数行，使在视频上捕捉的运动对象变得更平滑。

图10-95 应用"视频"滤镜组中的滤镜效果

3. "锐化"滤镜组

在"锐化"滤镜组中只有"USM锐化"一个滤镜。该滤镜可以加强对象的对比度，使对象变得更加清晰。

4. "风格化"滤镜组

在"风格化"滤镜组也只有"照亮边缘"一个滤镜。该滤镜可以标识颜色的边缘，并向其添加类似霓虹灯的光亮，效果如图10-96所示。

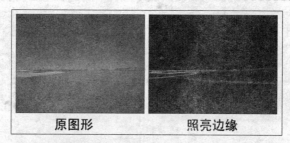

图10-96 应用"照亮边缘"滤镜效果

10.7 实例：旅行社海报（SVG滤镜）

SVG滤镜是将图像描述为形状、路径、文本和滤镜效果的矢量格式。生成的文件很小，可在Web、甚至资源有限的手持设备上提供较高品质的图像。但创建的图形外观有锯齿，并且会简化一些细节，使对象不太清晰。

在旅行社海报实例的制作中，主要使用了SVG滤镜。通过本实例的制作即可学习SVG滤镜应用的方法。本实例的制作完成效果如图10-97所示。

（1）执行"文件"|"打开"命令，打开"配套素材\Chapter-10\天坛.ai"文件，如图10-98所示。

图10-97 完成效果

图10-98 素材文件

（2）参照图10-99所示，复制页面中的图形，并为副本图形填充白色。

（3）选取副本图形，执行"效果"|"SVG滤镜"|"AI_高斯模糊_4"命令，为图形添加模糊效果，然后按快捷键Ctrl+]，将图形后移一个图层，如图10-100所示。

图10-99　复制图形

图10-100　应用SVG滤镜效果

（4）执行"文件"|"置入"命令，打开"置入"对话框，将"天坛.png"文件导入到文档中，调整图像的位置，如图10-101所示。

（5）保持图像的选择状态，执行"效果"|"SVG滤镜"|"AI_斜角阴影_1"命令，为图像添加投影效果，如图10-102所示。

图10-101　导入图像

图10-102　应用SVG滤镜效果

（6）选择"椭圆工具" ，配合键盘上的Shift+Alt键绘制圆形，参照图10-103所示，设置图形的位置、大小和描边粗细。

（7）选取以上绘制的圆形图形，并复制多个图形，调整图形的位置与大小，如图10-104所示，选择所有圆形图形，按快捷键Ctrl+G，将图形编组。

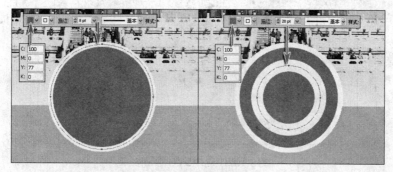

图10-103　绘制正圆

图10-104　复制图形

（8）选中群组后的图形，执行"效果"｜"SVG滤镜"｜"AI_斜角阴影_1"命令，为图像添加投影效果，如图10-105所示。

图10-105　应用SVG滤镜效果

（9）接下来复制群组图形，并选取副本图形，单击"路径查找器"调板中的"联集"按钮，将图形焊接在一起，如图10-106所示。

图10-106　焊接图形

（10）保持图形的选择状态，执行"效果"｜"SVG滤镜"｜"AI_木纹"命令，为图形应用图案填充效果，如图10-107所示。

图10-107　应用SVG滤镜效果

（11）保持图形的选择状态，在"透明度"调板中设置混合模式为"颜色加深"，如图10-108、图10-109所示。

图10-108　"透明度"调板

图10-109　设置混合模式

（12）使用"文字工具" T 在页面左上角输入相关文字信息，如图10-110所示，执行"效果" | "SVG滤镜" | "AI_高斯模糊_4"命令，为图形添加模糊效果。

图10-110　应用SVG滤镜效果

（13）接下来拖动文本图形到"图层"调板底部的"创建新图层"按钮 上，复制文本图形，将副本文本图形的效果删除，并设置文本图形的颜色为黄色（C：0、M：0、Y：100、K：0），效果如图10-111所示。

图10-111　复制文本

课后练习

1. 设计制作咖啡广告，效果如图10-112所示。

图10-112 咖啡广告

要求：

（1）使用"旋转"滤镜。

（2）使用"凸出和斜角"滤镜。

（3）使用"自由扭曲"滤镜。

2. 为图形添加效果，如图10-113所示。

图10-113 为图形添加效果

要求：

（1）为图形添加投影效果。

（2）为图形添加内发光效果。

（3）为图形添加羽化效果。

第11课

打印与PDF文件制作

本课知识结构

在本课中学习Illustrator CS4中文件打印和PDF文件的制作方法，在最大程度上掌握关于打印方面的知识，对于正确地打印或印刷设计作品而言是非常有帮助的。

就业达标要求

- ★ 正确安装PostScript打印机
- ★ 掌握打印设计的知识
- ★ 认识输出设备

- ★ 了解印刷术语
- ★ 了解PDF文件的含义
- ★ 正确创建PDF文件

11.1　文件的打印

无论是专业的平面设计人员，还是普通的软件用户，完成的设计作品，最终目的就是打印、印刷或发布到网络。在Illustrator CS4中，具有强大的打印与导出PDF功能。具体实施时，既可以方便地进行打印设置，又可以方便地在激光打印机、喷墨打印机中打印高分辨率彩色文档。另外，还可以将页面导出为PDF格式。

1. 安装PostScript打印机

PostScript是一种用来描述页面中每个元素的位置、大小等详细信息的高级打印机语言。PostScript打印机是指存在于计算机内部的虚拟打印机，是将页面"打印"成为PS（PostScript）文件的一个媒介。

下面将以Windows XP系统为例，讲解安装PostScript虚拟打印机的操作方法。

（1）单击系统的"开始"菜单，在弹出菜单中选择"控制面板"命令，将打开"控制面板"窗口，双击"打印机和传真"图标，将打开"打印机和传真"窗口，然后单击左上侧的"添加打印机"命令，将弹出如图11-1所示的对话框。在对话框中单击"下一步"按钮，进入如图11-2所示的对话框，此处由于安装的是虚拟打印机，所以要取消选择"自动检测并安装即插即用打印机"选项。

（2）单击"下一步"按钮进入如图11-3所示的对话框，在此不需要设置任何参数。单击"下一步"按钮，在对话框左侧的"厂商"区域中选择"HP"，在右侧的"打印机"区域中选择"HP Color LaserJet 4500"，如图11-4所示。

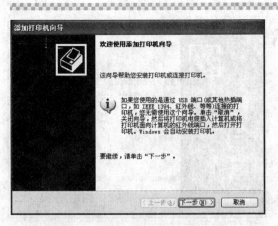

图11-1 "添加打印机向导"对话框

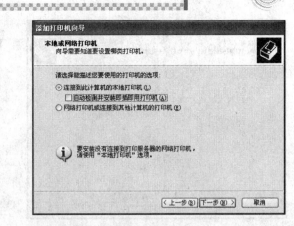

图11-2 设置选项

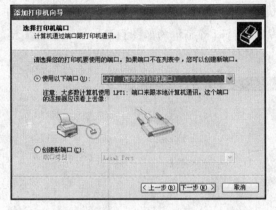

图11-3 执行下一步

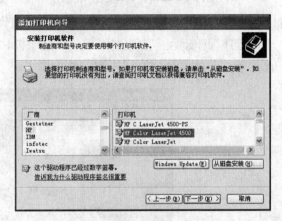

图11-4 设置打印机的厂商和型号

（3）单击"下一步"按钮将进入如图11-5所示的对话框，在此可以输入新打印机的名称，这里采用默认的名称。单击"下一步"按钮将进入如图11-6所示的对话框，用户可在对话框中设置是否与他人共享打印机。

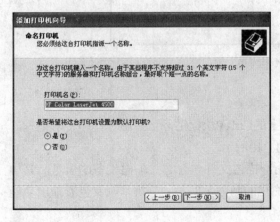

图11-5 设置打印机名称

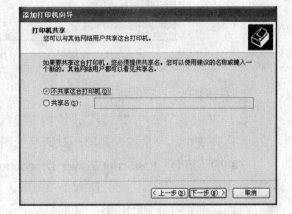

图11-6 设置是否与他人共享打印机

（4）单击"下一步"按钮，将进入如图11-7所示的对话框，通常选择"否"选项。单击"下一步"按钮进入如图11-8所示的对话框。

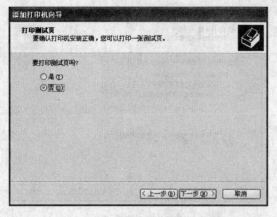
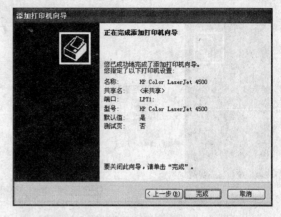

图11-7　设置是否测试打印　　　　　　　　图11-8　结束界面

（5）单击"完成"按钮即创建完毕新打印机，此时Windows将会为新打印机安装相应的驱动程序。驱动程序安装完毕后，"打印机和传真"窗口将显示为如图11-9所示的状态。至此用于打印PS文件的打印机就安装完毕了。

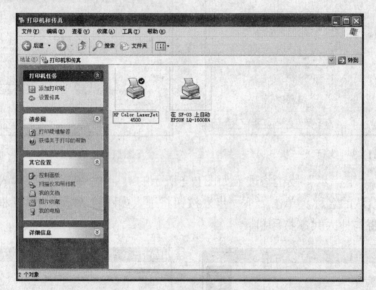

图11-9　"打印机和传真"窗口

2. 打印设置

执行"文件"|"打印"命令，或按下键盘上的Ctrl+P快捷键，可弹出"打印"对话框，单击左边列表中的"常规"选项，对话框如图11-10所示。

· PPD：PPD（PostScript Printer Description）描述文件包含有关输出设备的信息，其中包括打印机驻留字体、可用介质大小及方向、优化的网频、网角、分辨率以及色彩输出功能等。打印之前选择正确的PPD非常重要。

· 份数：输入要打印的份数，选择"逆页序打印"复选项，将从后到前打印文档。

· 大小：在下拉列表框中，可以选择打印纸张的尺寸。

· 宽度、高度：用来设置纸张的宽度和高度，单击其右侧的按钮，可以根据需要设置纸张的方向。

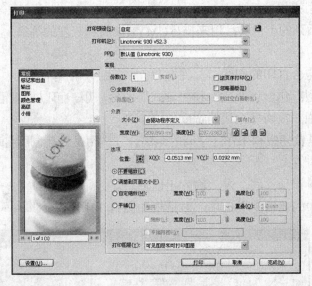

图11-10 打印常规设置

- 不要缩放：选择该单选项，可以在预览窗口中以默认比例显示文件大小。
- 调整到页面大小：使图像适合页面缩放。
- 自定缩放：选择该单选项，其右侧的"宽度"与"高度"文本框将被激活，用户可根据需要设置数值，从而直接控制文件的打印尺寸。
- 平铺：选择该单选项，其右侧的设置内容均被激活，用户可对平铺范围、是否重叠、是否缩放等内容进行设置。
- 打印图层：选择要打印的图层，在下拉列表框中可以选择"可见图层和可打印图层"、"可见图层"、"所有图层"。

单击左边列表中的"标记和出血"选项，对话框如图11-11所示。

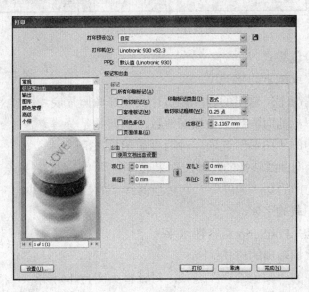

图11-11 标记和出血设置

- 所有印刷标记：打印所有的打印标记。
- 裁切标记：在被裁剪区域的范围内添加一些垂直和水平的线。

- 套准标记：用来校准颜色。
- 颜色条：一系列的小色块，用来描述CMYK油墨和灰度的等级。可以用来校正墨色和印刷机的压力。
- 页面信息：包含打印的网线、文件名称、时间、日期等信息。
- 印刷标记类型：包含"西式"和"日式"两种，用户可以根据需要进行选择。
- 裁切标记粗细：裁切标记线的宽度。
- 位移：指的是裁切线和工作区之间的距离。其作用是避免制图打印的标记在出血上，它的值应该比出血的值大。
- 出血：用来设置顶、底、左、右的出血值。

单击左边列表中的"输出"选项，对话框如图11-12所示。

图11-12　打印输出设置

- 模式：设置分色模式。
- 药膜：指胶片或纸上的感光层。
- 图像：通常情况下，输出的胶片为负片，就好像照片底片一样。
- 打印机分辨率：前面的数字是加网线数，后面的是分辨率。

单击左边列表中的"图形"选项，对话框如图11-13所示。

- 路径：当路径向曲线转换的时候，如果选择的是"品质"，就会产生很多细致的线条的转换效果；如果选择的是"速度"，则转换的线条的数目会很少。
- 下载：显示下载的字体。
- PostScript：选择PostScript兼容性水平。
- 数据格式：数据输出的格式。

单击左边列表中的"颜色管理"选项，对话框如图11-14所示。

- 颜色处理：确定是在应用程序中还是在打印设备中使用颜色管理。
- 打印机配置文件：选择适用于打印机和将使用的纸张类型的配置文件。
- 渲染方法：确定颜色管理系统如何处理色彩空间之间的颜色转换。

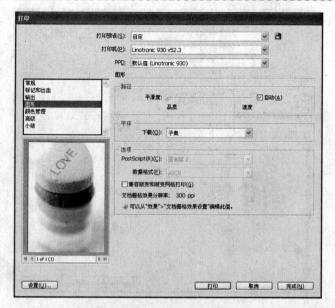

图11-13 打印图形设置

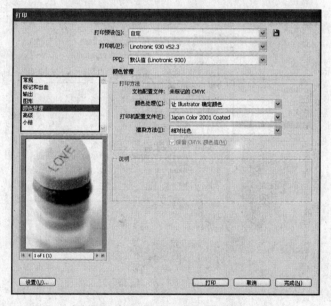

图11-14 打印颜色管理设置

单击左边列表中的"高级"选项，对话框如图11-15所示。

- 打印成位图：将文件作为位图打印。
- 叠印：可以选择"保留"、"放弃"或"模拟叠印"方式。
- 预设：可以选择"高分辨率"、"中分辨率"、"低分辨率"。

单击左边列表中的"小结"选项，对话框如图11-16所示。

- 选项：用户在前面所做的设置在这里可以看到，以便进行确定和及时的修改。
- 警告：如果出现问题或冲突，在这里会出现警告信息。

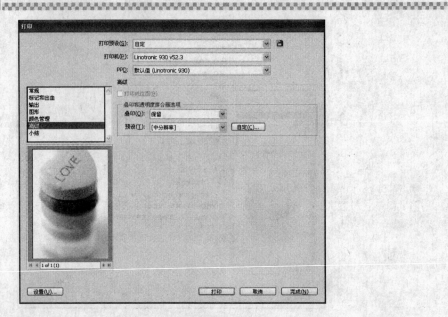

图11-15　高级设置

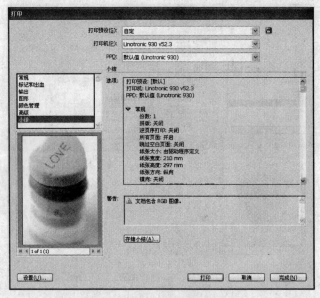

图11-16　打印小结

3. 输出设备

在输出时，颜色的质量和输出的清晰度是十分重要的，必须要充分考虑到。打印机的分辨率通常是以每英寸多少点（dpi）来衡量的。点数越多，质量就越好。

·喷墨打印机：高档喷墨打印机通过在产生图像时改变色点的大小生成质量几乎与照片一样的图像，但造价相对比较高。低档喷墨打印机生成彩色图像的造价比较低，但却不能提供屏幕图像的高精度输出，因为这些打印机通常采用所谓高频仿色技术，利用从墨盒中喷出的墨水来产生颜色，而高频仿色过程一般采用青色、洋红色、黄色以及通常使用的黑色（CMYK）等墨水的色点图案产生上百万种颜色的错觉。在许多喷墨打印机中，色点图案是很容易看见的，颜色也不总是高度精确的。虽然许多新的喷墨打印机以300dpi的分辨率输出，但大多数的高频仿色和颜色质量仍是不太精确的。中档喷墨打印机的新产品采用的技术提供了比低档喷墨打印机更好的彩色保真度，适用度比较广。

· 激光打印机：激光打印机包括黑白打印机和彩色打印机两种。现阶段，在打印技术方面的进步使彩色激光打印机成为高档彩色打印机的一种极具杀伤力的替代产品。彩色激光打印技术使用青、洋红、黄、黑色墨粉来创建彩色图像，其输出速度也是非常快的。

· 照排机：照排机是印前输出中心使用的一种高级输出设备，主要用于商业印刷厂。它以1200dpi～3500dpi的分辨率将图像记录在纸上或胶片上。印前输出中心可以在胶片上提供样张（校样），以便精确地预览最后的彩色输出。然后图像照排机的输出被送至商业印刷厂，由商业印刷厂用胶片产生印板。这些印板可用在印刷机上产生最终的印刷品。

4. 印刷术语

· 拼版：在印版上安排页面就叫做拼版。具体来讲，是将一些做好的单版，组排成为一个整的印刷版。印刷版是对齐的页面组，对它们进行折叠、剪切和修整后，将会产生正确的堆叠顺序。

· 网点：在了解网点的定义之前，首先要了解连续调和非连续调的概念。无论是绘画作品还是彩色照片，都是用连续调表现画面浓淡层次的，即色彩淡的地方色素较少，而色彩较浓郁的地方色素较多。印刷品再现绘画作品或彩色照片时，是利用网点的大小来表现画面每个微小部位色彩的浓淡的。利用放大镜，在印刷品上可以观察到层次是由网点来表现的，大小不等的网点组成了各种丰富的层次。网点的形状有圆形、菱形、方形、梅花形等各种各样的形状，网点的大小是决定色调厚薄的关键因素。网点的大小以线数（lpi）来表示，线数越多，网点越小，画面表现的层次就越丰富。彩色画报、杂志等一般采用175lpi印刷，而报纸一般都采用比较低的100lpi印刷。网点有一定角度，称为加网角度，这也是一个很重要的概念，因为如果加网角度不合适，很容易出现龟纹，龟纹就是指在打样或印刷中出现的一种不悦目的网纹图形。

· 分色：通常在印刷前，都必须将文件做分色处理，也就是将包含多种颜色的文件输出分离在青、品红、黄、黑四个印版上，这个过程被称为分色。这里指的是传统印刷，如果是数码印刷就不需要了。

· 套印：最后的印品在印刷过程中需要通过四次着墨，比如先印好品红后再印黄色，而在此过程中，要保证几种颜色准确对齐，在有些劣质印刷品中我们可以看到印出来的东西面目全非，就是因为颜色没有套准。

· 漏白与补漏白：印刷用纸多为白色，印刷或制版时，该连接的颜色不密合，露出白纸底色，这是就是漏白。补漏白是指分色制版时有意使颜色交接位扩展，减少套印不准的影响。

· 制版：简称为晒版。它是一种预涂感光版，以铝为版基，上面涂有感光剂。

· 覆膜：是指用覆膜机在印品的表面覆盖一层0.012mm～0.020mm厚的透明塑料薄膜而形成一种纸塑合一的产品加工技术，是印刷之后的一种表面加工工艺，又被人们称为印后过塑、印后裱胶或印后贴膜。通常，根据所用工艺可分为涂膜、预涂膜两种，根据薄膜材料的不同分为亮光膜、亚光膜两种。覆膜工艺广泛应用于各类包装装潢印刷品，各种装订形式的书刊、挂历、本册、地图等，是一种非常受欢迎的印品表面加工技术。

- 模切：是指把钢刀片按设计图形镶嵌在木底板上排成模框，或者用钢板雕刻成模框，在模切机上把纸片轧成一定形状的工序。适合商标、瓶贴、标签和盘面等边缘呈曲线的印刷品的成形加工。近年利用激光切割木底板镶嵌钢刀片，大大提高了模切作业的精度和速度。

- 压痕：是指利用压痕钢线在纸片上压出痕迹或留下供弯折的槽痕。常把压痕钢线与模切钢刀片组合嵌入同一木底板上成为模切版，以用于包装折叠盒的成形加工。

- 凹凸压印：属于印后表面修饰加工，是指不施印墨，只用凹模和凸模在印刷品或白纸上压出浮雕状花纹或图案的工艺。这种工艺广泛用于书籍封皮、标签、瓶贴、贺卡及包装纸盒的装饰加工。

- 烫金（银）：用金属箔或颜料箔通过热压转印到印刷品或其他物品上，以增进装饰效果，属于印后表面修饰加工。金属箔由聚酯膜真空镀铝并涂粘合剂后制成，外观呈金或银光泽，通常借助平压式烫箔机将铜锌版上凸起的文字图案烫印到印刷品或皮革、塑料等制品表面。高档包装纸盒、贺卡、商标或商品说明书、精致的书刊封皮等，多采用烫箔金（银）加以处理。

- 上光：这种工艺也属于印后表面修饰加工，是指用涂布机（或印刷机）在印刷品表面涂敷一层无色透明涂料，如古巴胶、丙烯酸酯等，干后起到保护和增加印刷品光泽的作用。也有采用涂敷热塑性涂料后通过辊压使印刷品表面形成高光泽镜面效果的压光法的。图片、画册、高档商标、包装装潢及商业宣传品等常进行上光加工。

- 粘胶：是指使用粘胶剂将印刷品某些部分连接形成具有一定容积空间的立体或半立体成品。粘胶分为手工粘胶和机械粘接两类，主要用于制作手提袋和包装盒等。

- 单色印刷：是指利用一版印刷，它可以是黑版印刷，也可以是专色印刷。单色印刷使用较为广泛，并且同样会产生丰富的色调，达到令人满意的效果。在单色印刷中，还可以用色彩纸作为底色，印刷出的效果类似二色印刷，但又可以别具一格。

- 双色/三色印刷：将四版当中的两版抽离，只使用两版印刷，就是二色印刷。印刷过程中可以产生第三种颜色，如蓝色与红色混合可以得到紫色，至于得到紫色的深浅度则完全依赖于蓝色与红色之间网点的比例。图片也可通过某两种色版来印刷，以达到特殊色效果。另外，也可以将四色版印刷中的一版抽离，保留三色版印刷。为了使画面效果清晰突出，往往三色中以颜色较重、调子较深的版作为主色。在设计中偶而采用这样的印刷方式，将会产生一种新鲜的感觉。应用于对景物的环境、氛围、时间和季节的表现则可起到特殊的创意效果。

- 四色印刷：彩色画稿或照片画面上的颜色种类是非常之多的，如果要把这成千上万种颜色一色色地印刷，几乎是不可能的。所以，一般印刷上采用的是四色印刷，即先将原稿进行色的分解，分成青（C）、品红（M）、黄（Y）、黑（K）四色色版，然后印刷时再进行色的合成。

- 专色印刷：专色是指在印刷时，不通过C、M、Y、K四色合成这种颜色，而是专门用一种特定的油墨来印刷该颜色。专色油墨是由印刷厂预先混合好或油墨厂生产的。对于印刷品的每一种专色，在印刷时都有专门的一个色版对应。使用专色可使颜色更准确。尽管在计算机上不能准确地表示颜色，但通过标准颜色匹配系统的预印色样卡，能看到该颜色在纸张上的准确的颜色，如Pantone彩色匹配系统就创建了很详细的色样卡。

- 光泽色印刷：主要是指印金色或印银色，要制专色版，一般采用金墨或银墨印刷，或用金粉、银粉与亮光油、快干剂等调配印刷。通常情况下印金、银色最好要铺底色，这是因为金墨或银墨直接印在纸张表面，会因为纸面吸油程度影响到金、银墨的光泽。一般来说，可根据设计要求选择某一色调铺底。如要求金色发冷色光泽，可选用蓝版作为铺底色；反之，则可选择红色；如果使用黑色铺底，就会达到既深沉又有光泽的印刷效果。

11.2　实例：创建书籍版式PDF文件（PDF文件制作）

PDF（Portable Document Format的简写，即"便携式文件格式"）是由Adobe Systems在1993年用于文件交换所发展出的文件格式。随着科技的不断发展，PDF文件已经被广为使用，以用来简化文档交换、省却纸张流程。

1. PDF概述

PDF文件具有以下一些特点：

· PDF是一种"文本图像"格式，能保留源文件的字符、字体、版式、图像和色彩的所有信息。

· PDF文件尺寸很小，文件浏览不受操作系统、网络环境、应用程序的版本、字体等的限制，非常适宜网上传输，可通过电子邮件快速发送，也可传送到局域网服务器上，所以PDF是文件电子管理解决方案中理想的文件格式。

· 创建PDF文件的过程比较简单，从某种意义上讲，在Illustrator CS4中创建PDF文件就是对文件的默认保存格式进行转化。

· 通过Acrobat软件可以对PDF文件进行密码保护，以防其他人在未经授权的情况下查看和更改文件，还可让经授权的审阅者使用直观的批注和编辑工具。Acrobat软件具有全文搜索功能，可对文档中的字词、书签和数据域进行定位，是文件电子管理审阅批注的最佳工具。

· 由于PDF文件极佳的互换性，因此在推出后几年内，就成为网上出版的标准。除了直接交付外，PDF非常适合通过E-mail传送，或是放在网络上供人下载阅读。

Acrobat软件突破了文件电子管理系统的种种局限，将办公自动化提升到了真正的文件电子管理时代。

2. 创建PDF文件

（1）在Illustrator CS4中执行"文件"|"存储"或"文件"|"存储为"命令，弹出"存储为"对话框，在"保存类型"下拉列表框中选择"PDF"选项进行保存即可，如图11-17所示。

（2）单击"保存"按钮后，弹出图11-18所示的对话框，用户在该对话框中可进行各选项的设置，设置完毕后单击"存储PDF"按钮，即可将当前文件创建为PDF格式文件。

图11-17　"存储为"对话框

（3）单击对话框左下角的"存储预设"按钮，可打开图11-19所示的对话框，单击"确定"按钮，可将设置好的预设内容存储为PDF预设类型，以便将来重复使用。

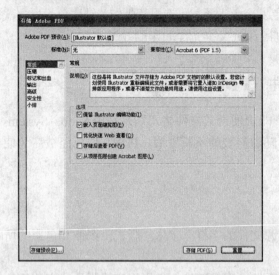

图11-18　"存储 Adobe PDF"对话框　　　　图11-19　"Adobe PDF 设置存储为"对话框

课后练习

1. 简答题

（1）什么是PDF文件？

（2）怎样安装PostScript打印机？

（3）在Illustrator中怎样创建PDF文件？

2. 操作题

创建宣传册PDF文件，示例效果如图11-20所示。

图11-20　精美的对折页PDF文件

要求：

（1）制作完毕后，将文件保存为PDF格式。

（2）文件尺寸为380mm×210mm。

反侵权盗版声明

电子工业出版社依法对本作品享有专有出版权。任何未经权利人书面许可，复制、销售或通过信息网络传播本作品的行为；歪曲、篡改、剽窃本作品的行为，均违反《中华人民共和国著作权法》，其行为人应承担相应的民事责任和行政责任，构成犯罪的，将被依法追究刑事责任。

为了维护市场秩序，保护权利人的合法权益，我社将依法查处和打击侵权盗版的单位和个人。欢迎社会各界人士积极举报侵权盗版行为，本社将奖励举报有功人员，并保证举报人的信息不被泄露。

举报电话：（010）88254396；（010）88258888

传　　真：（010）88254397

E-mail：　dbqq@phei.com.cn

通信地址：北京市万寿路173信箱

　　　　　电子工业出版社总编办公室

邮　　编：100036

欢迎与我们联系

为了方便与我们联系，我们已开通了网站（www.medias.com.cn）。您可以在本网站上了解我们的新书介绍，并可通过读者留言簿直接与我们沟通，欢迎您向我们提出您的想法和建议。也可以通过电话与我们联系：

电话号码：（010）68252397

邮件地址：webmaster@medias.com.cn